재현! 세계의 군대 미식

Gourmet of the military around the world

글·조리·촬영／미즈나시 유카
역사감수／시라이시 히카루

— 전사의 밥상

Gourmet of the military around the world

재현! 세계의 군대 미식 — 전사의 밥상
Menu

인사말 …… 4	**Table 18** 도넛 / Doughnut …… 42	관련 서적 및 영화 가이드 …… 78
들어가며 …… 6	**Table 19** 소브라사다 / Sobrassada …… 44	스위츠 칼럼 …… 82
제1장 유럽편	**Table 20** 기름에 절인 다랑어와 정어리 / Tonno e sardina …… 46	**제2장 아시아·태평양편**
Table 1 치킨 프리카세 / Fricassee of Chicken …… 8	**Table 21** 화이트 소스를 곁들인 토끼고기 / Rabbit in white sauce …… 48	**Table 36** 후르츠 샐러드 / Fruit salad …… 84
Table 2 베이컨 에그 / Bacon and Eggs …… 10	**Table 22** 영국 해군함 로드니에서의 크리스마스 만찬 / The Christmas Day dinner for HMS Rodney's ship's company …… 50	**Table 37** 칠면조 구이 / Roast Turkey …… 86
Table 3 비스마르크 스타일 스테이크 / Bismarck Steak …… 12	**Table 23** 후무스 / Hummus …… 52	**Table 38** 스팸과 에그 스크램블 / SPAM 'N Eggs …… 88
Table 4 아인토프 / Eintopf …… 14	**Table 24** 보르시 / Борщ …… 54	**Table 39** 고래고기 스테이크 / Whale Steak …… 90
Table 5 렌틸콩을 곁들인 잠포네 / Zampone con Lenticc …… 16	**Table 25** 콘비프 샌드위치 / Corned beef sandwich …… 56	**Table 40** 원 아이드 샌드위치 / One-eyed sandwich …… 92
Table 6 쇠고기롤 조림 / Rinderrouladen …… 18	**Table 26** 굴 / Frische Austern …… 58	**Table 41** 대하 카레 / Lobster Curry …… 94
Table 7 셀롯카 / Селёдка …… 20	**Table 27** 로쿰 / Lokum …… 60	**Table 42** 레몬 머랭 파이 / Lemon Meringue Pie …… 96
Table 8 양 간과 양파 소테 / Fegato con Cipolle …… 22	**Table 28** 비프 스튜 / Beef Stew …… 62	**Table 43** 베이크드 빈즈 & 콘브레드 / Baked beans & Cornbread …… 98
Table 9 치킨 누들 캐서롤 / Chicken noodle Casserole …… 24	**Table 29** 팔라친켄 / Palatschinken …… 64	**Table 44** 아메리칸 파이 / American Pie …… 100
Table 10 치킨 마렝고 / Poulet Marengo …… 26	**Table 30** 스노커스 / Snorkers …… 66	**Table 45** 비프 스트로가노프 / Beef Stroganoff …… 102
Table 11 치킨 헤카 / Chicken Hekka …… 28	**Table 31** 미네스트로네 / Minestrone …… 68	**Table 46** 차오미엔 / Chaomian …… 104
Table 12 피시 앤드 칩스 / Fish and Chips …… 30	**Table 32** 말고기 타르타르 스테이크 / Steak tartare …… 70	**Table 47** 아이스크림 / Ice Cream …… 106
Table 13 카슬러와 자우어크라우트 / Kasseler mit Sauerkraut …… 32	**Table 33** 폴렌타와 살라미 / Polenta …… 72	**Table 48** 비프 스테이크 / Beef Steak …… 108
Table 14 팬케이크 / Pancake …… 34	**Table 34** 훈제 청어 / Bückling …… 74	**Table 49** 토끼고기 된장국 / Rabbit miso soup …… 110
Table 15 시 / Щи …… 36	**Table 35** 후르츠 칵테일 / Fruit cocktail …… 76	
Table 16 코니시 패스티 / Cornish Pasty …… 38		
Table 17 돼지갈비 훈제와 양배추 / Rippenspeer …… 40		

역사군상 게재 리스트

●역사군상106호
●발행2011년3월5일
●전사의 밥상 Table1
●어느 날의 미군 수뇌진 오찬
[치킨 프리카세]
●발행처　GAKKEN 퍼블리싱

●역사군상107호
●발행2011년5월6일
●전사의 밥상 Table2
●영국 공군의 출격 전 특별식
[베이컨 에그]
●발행처　GAKKEN 퍼블리싱

●역사군상108호
●발행2011년7월6일
●전사의 밥상 Table3
●하와이 회담의 신선 메뉴
[후르츠 샐러드]
●발행처　GAKKEN 퍼블리싱

●역사군상109호
●발행2011년9월6일
●전사의 밥상 Table4
●장갑함 아트미랄 셰어 승리의 점심
[비스마르크 스타일 스테이크]
●발행처　GAKKEN 퍼블리싱

●역사군상110호
●발행2011년11월5일
●전사의 밥상 Table5
●전함 펜실베니아의 크리스마스 만찬
[칠면조 구이]
●발행처　GAKKEN 퍼블리싱

●역사군상111호
●발행2012년1월6일
●전사의 밥상 Table6
●전함 비스마르크에서 제공된 전통 요리
[아인토프]
●발행처　GAKKEN 퍼블리싱

●역사군상112호
●발행2012년3월6일
●전사의 밥상 Table7
●야마모토 제독을 격추한 자객들의 아침식사
[스팸과 에그 스크램블]
●발행처　GAKKEN 퍼블리싱

●역사군상113호
●발행2012년5월7일
●전사의 밥상 Table8
●이탈리아 육군사관학교의 단골 요리
[렌틸콩을 곁들인 잠포네]
●발행처　GAKKEN 퍼블리싱

●역사군상114호
●발행2012년7월6일
●전사의 밥상 Table9
●구 일본 해군의 고래고기 요리
[고래고기 스테이크와 된장조림]
●발행처　GAKKEN 퍼블리싱

●역사군상115호
●발행2012년9월6일
●전사의 밥상 Table10
●U보트 승무원들이 환호한 심해의 식사
[소고기룰 조림]
●발행처　GAKKEN 퍼블리싱

●역사군상116호
●발행2012년11월6일
●전사의 밥상 Table11
●항공모함 엔터프라이즈의 특별 조식
[원 아이드 샌드위치]
●발행처　GAKKEN 퍼블리싱

●역사군상117호
●발행2013년1월5일
●전사의 밥상 Table12
●스탈린이 좋아한 자쿠스카
[훈제 청어]
●발행처　GAKKEN 퍼블리싱

●역사군상118호
●발행2013년3월6일
●전사의 밥상 Table13
●동부 전선의 이탈리아 병사들을 구한 양고기 요리
[양 간과 양파 소테]
●발행처　GAKKEN 퍼블리싱

●역사군상119호
●발행2013년5월6일
●전사의 밥상 Table14
●니미츠 제독 부인의 단골 접대 요리
[치킨 누들 캐서롤]
●발행처　GAKKEN 퍼블리싱

●역사군상120호
●발행2013년7월5일
●전사의 밥상 Table15
●일본 해군 사관들에게 제공된 일품 요리
[대하 카레]
●발행처　GAKKEN 퍼블리싱

●역사군상121호
●발행2013년9월6일
●전사의 밥상 Table16
●나폴리옹의 승리를 축하하는 야전 요리
[치킨 마렝고]
●발행처　GAKKEN 퍼블리싱

●역사군상122호
●발행2013년11월6일
●전사의 밥상 Table17
●미국 해군 장병들에게 사랑받은 디저트
[레몬 파이]
●발행처　GAKKEN 퍼블리싱

●역사군상123호
●발행2014년1월6일
●전사의 밥상 Table18
●일본계 미군이 좋아하는 하와이 명물 요리
[치킨 헤카]
●발행처　GAKKEN 퍼블리싱

●역사군상124호
●발행2014년3월6일
●전사의 밥상 Table19
●영국군 장병의 든든한 전우
[피시 앤드 칩스]
●발행처　GAKKEN 퍼블리싱

●역사군상125호
●발행2014년5월6일
●전사의 밥상 Table20
●베를린 총통 지하 벙커에서 열린 만찬
[카슬러와 자우어크라우트]
●발행처　GAKKEN 퍼블리싱

●역사군상127호
●발행2014년9월5일
●전사의 밥상 Table22
●갈리폴리의 참호에서 만든 진미
[즉석 팬케이크]
●발행처　GAKKEN 퍼블리싱

●역사군상128호
●발행2014년11월6일
●전사의 밥상 Table23
●모국 러시아의 맛
[시]
●발행처　GAKKEN 퍼블리싱

●역사군상129호
●발행2015년1월6일
●전사의 밥상 Table24
●영국 선원들에게 바치는 요리
[코니시 패스티]
●발행처　GAKKEN 퍼블리싱

●역사군상130호
●발행2015년3월6일
●전사의 밥상 Table25
●U-47에서 나온 스카파 플로 습격 직전의 저녁 식사
[돼지갈비 훈제와 양배추]
●발행처　GAKKEN 퍼블리싱

●역사군상131호
●발행2015년5월6일
●전사의 밥상 Table26
●향수를 부르는 미군 장병들의 최애 디저트
[도넛]
●발행처　GAKKEN 퍼블리싱

●역사군상132호
●발행2015년7월6일
●전사의 밥상 Table27
●「싸우는 조종사」생텍쥐페리가 좋아한 지중해 일품 요리
[소브라사다]
●발행처　GAKKEN 퍼블리싱

●역사군상133호
●발행2015년9월5일
●전사의 밥상 Table28
●JG77 헤르츠 아스의 시칠리아 섬 철수 전야 만찬
[다랑어 정어리 오일 절임]
●발행처　GAKKEN 퍼블리싱

●역사군상134호
●발행2015년11월6일
●전사의 밥상 Table29
●팔레즈 포위전 당시 영국군 특수전차에 탑승한 윌슨 대위가 먹은 야전 즉석 요리
[화이트 소스를 곁들인 토끼고기]
●발행처　GAKKEN 플러스

●역사군상135호
●발행2016년1월6일
●전사의 밥상 Table30
●1944년 12월, 스캐퍼플로에서 제공된
[영국 해군 전함 로드니의 크리스마스 만찬]
●발행처　GAKKEN 플러스

●역사군상136호
●발행2016년3월7일
●전사의 밥상 Table31
●신병에게 제공된 해군 훈련소의 첫 끼
[베이크드 빈즈&콘브레드]
●발행처　GAKKEN 플러스

●역사군상137호
●발행2016년5월6일
●전사의 밥상 Table32
●자유 프랑스군 장병 두 사람이 먹은 크리스마스 만찬
[후무스]
●발행처　GAKKEN 플러스

●역사군상138호
●발행2016년7월6일
●전사의 밥상 Table33
●파이를 위해 싸운 과달카날 섬의 미군들
[아메리칸 파이]
●발행처　GAKKEN 플러스

●역사군상139호
●발행2016년9월6일
●전사의 밥상 Table34
●전함 포템킨 승무원이 기대한 수프
[보르시]
●발행처　GAKKEN 플러스

●역사군상140호
●발행2016년11월6일
●전사의 밥상 Table35
●영국 해군의 단골 메뉴
[콘비프 샌드위치]
●발행처　GAKKEN 플러스

●역사군상141호
●발행2017년1월6일
●전사의 밥상 Table36
●붉은 남작의 젊은 시절 술자리를 장식한
[굴]
●발행처　GAKKEN 플러스

●역사군상142호
●발행2017년3월6일
●전사의 밥상 Table37
●딸의 레시피로 니미츠 제독이 솜씨를 발휘한
[비프 스트로가노프]
●발행처　GAKKEN 플러스

●역사군상143호
●발행2017년5월6일
●전사의 밥상 Table38
●J.B 해리스가 중국에서 먹은 볶음국수
[차오미엔]
●발행처　GAKKEN 플러스

●역사군상144호
●발행2017년7월6일
●전사의 밥상 Table39
●미군 장병들의 사기까지 좌우한 디저트
[아이스크림]
●발행처　GAKKEN 플러스

●역사군상145호
●발행2017년9월6일
●전사의 밥상 Table40
●갈리폴리에서 병사가 얻은 터키시 딜라이트
[로쿰]
●발행처　GAKKEN 플러스

●역사군상146호
●발행2017년11월6일
●전사의 밥상 Table41
●미 해군 수송기의 기내식
[비프 스튜]
●발행처　GAKKEN 플러스

●역사군상147호
●발행2018년1월6일
●전사의 밥상 Table42
●철수하던 독일군이 맛 본 빈 스타일 크레페
[팔라친켄]
●발행처　GAKKEN 플러스

●역사군상148호
●발행2018년3월6일
●전사의 밥상 Table43
●영국 해군의 식사를 책임진 통조림 소시지
[스노커스]
●발행처　GAKKEN 플러스

●역사군상149호
●발행2018년5월7일
●전사의 밥상 Table44
●영국 산악부대 병사가 우크라이나에서 유대인들에게 준
[미네스트로네]
●발행처　GAKKEN 플러스

●역사군상150호
●발행2018년7월6일
●전사의 밥상 Table45
●스탈린그라드에서 독일 병사와 소련 병사가 나눠 먹은
[말고기 타르타르 스테이크]
●발행처　GAKKEN 플러스

●역사군상151호
●발행2018년9월6일
●전사의 밥상 Table46
●무솔리니의 마지막 아침식사
[폴렌타]
●발행처　GAKKEN 플러스

●역사군상152호
●발행2018년11월6일
●전사의 밥상 Table47
●U보트 내에서 먹은 조국의 맛
[훈제 청어]
●발행처　GAKKEN 플러스

●역사군상153호
●발행2019년1월5일
●전사의 밥상 Table48
●미 해병대의 출격 전 식사
[비프 스테이크]
●발행처　GAKKEN 플러스

●역사군상154호
●발행2019년3월6일
●전사의 밥상 Table49
●노르망디 상륙 전야, 어디선가 몰래 가져온
[후르츠 칵테일]
●발행처　GAKKEN 플러스

●역사군상171호
●발행2022년1월6일
●전사의 밥상 Table66
●하코다산 설중 행군 히로사키 보병 제31연대가 먹은
[토끼고기 된장국]
●발행처　원 퍼블리싱

※본서의 내용은 첫 게재 당시의 원고를 수정・가필한 것입니다

Gourmet of the milit

미즈나시 유카 저자 인사
(요리, 촬영, 글)

【약력】 아오모리현 히로사키시 출신. 현립 고교 영어과 강사를 거쳐, 동·식물 관련 전문 학교의 영어과 강사로 근무하는 한편으로 자연과학계 출판사의 관상어 전문 잡지 편집부에서 근무. 동 계열의 애견 잡지나 반려동물 관련지에서도 번역 및 취재·촬영에 종사했다. 그후, 독립하여 편집 프로덕션 Office Ready Lobo 설립에 참여했으며, 관상어 전문지, 반려동물 관련지, 역사 관련 무크, 일본도 관련서, 여행 잡지, 미식 잡지, 어학 잡지, 도쿄만 횡단도로 홍보지, 체인 호텔의 홍보지 등의 편집, 취재, 집필에 종사했고 유럽 애견·애묘가, 태국, 말레이시아, 싱가포르의 관상어 양식업자나 관상어 이벤트를 취재하기도 했다. 또한 멸종위기 생물로 한때 각광받았던 아시아 아로와나 번식 성공의 특종 사진을 말레이시아에서 촬영하기도 했다. 현재의 라이프 워크는 역사적 음식 문화와 세계의 음식 문화의 연구이며, 저서로 『여행 감정단-당신이 모르는 관광지의 이면(旅の観定団: あなたの知らない観光地のオモテとウラ)』(공저. 분슌 쇼보 출간)이 있다.
식생활 저널리스트회(JFJ), 일본온천지역학회 소속. 에도 소바리에(Edo Sobalier) 회원.

친가와 외가 모두 불단에는 한 번도 만난 적 없는 삼촌들의 영정이 늘어서 있었습니다. 그분들은 대부분 제2차 세계 대전에 참전했다가 목숨을 잃었습니다. 그분들이 전사하셨는지 아니면 병마나 굶주림에 쓰러진 것인지는 알 수 없어도 조금이나마 고통이 덜한 죽음이었기를 바라는 것은, 유족, 그리고 그분들을 계승하는 이들 모두 같은 마음일 것입니다.

그런데 전쟁터로 나갔다가 무사히 귀국한 삼촌이 딱 한 분 있었습니다. 물론 전쟁터라고는 해도 만주철도의 직원으로 대륙에 건너갔다가 패전으로 인해 시베리아에 억류됐던 것입니다만. 그리고 시베리아 억류자 중에서 대다수가 일본으로 귀국하던 와중에도 혼자 좀처럼 돌아오지 못하고 있다가 간신히 돌아온 것은 다시 3~4년이 지난 후의 일이라 들었습니다. 그래도 살아서 돌아오신 것만으로도 감사한 일이지요.

그런 삼촌이 돌아올 때 숨겨 가져온 물건 중에 알루미늄 숟가락이 하나 있습니다. 삼촌은 손재주가 있었기에 소련 경비병들이 사용하는 숟가락이나 접시를 비롯해 때로는 소련 군인의 결혼반지까지 만들 수 있었다고 합니다. 그리고 이렇게 얘기해줬죠. "내가 만든 숟가락으로 그들은 자주 불그스름한 색의 수프를 마셨지. 종종 남은 수프를 받을 수 있었던 게 기뻤어…." 라고요.

수용자 대부분이 굶주림에 허덕이는 가운데 무언가를 입에 넣을 수 있었던 것은 안도의 순간이었을 것입니다. 그리고 그 '불그스름한 색의 수프'라는 것은 아마도 보르시였을 테지요. 바로 이것이 본서의 기획 원점이 되었습니다.

이후, 저는 2차대전 중에 전투기 파일럿으로 일본군과 싸웠다고 하는 영국인 장교, 독일 공군에서 테스트 파일럿을 맡고 있던 독일 장교, 대전 중에는 종군하지 않았지만, 전후에 웨스트 포인트 사관학교를 졸업하고 미군 장교가 된 일본계 2세, 전후에 글로스터 미티어 전투기의 조종간을 잡았다는 네덜란드 장교와 같은 분들과 밀리터리와는 관계가 없는 다른 분야에서 알게 되어 흥미로운 이야기를 들을 수 있었던 것도, 그들이 '당시에 먹었던 음식'에 대한 흥미를 깊어지게 했습니다. 원하든 원하지 않든 '전사'가 된 그들이 그때 먹었던 요리는 어떤 것이며, 그때 그들은 어떤 생각을 했을까요?

전쟁 체험이 있는 분의 수기나 전기를 읽는 여러분은 역사에 대하여 적지 않은 관심이 있을 겁니다. 그래서 관련된 요리의 역사를 조금이나마 알 수 있도록, 『역사군상(歷史群像)』지에서 「전사의 밥상」이라는 제목으로 연재를 시작했습니다.

원고를 정리하는 과정에서 특히 유의한 것 중 하나는 번역된 전기 등의 경우, 가능한 한 해외의 원서와 대조하는 것입니다. 예를 들어 오래된 번역 자료에서 그냥 '계란 요리'라고 번역되어 있는 것을 살펴보면 원서에서는 '에그 스크램블' 또는 '계란프라이'라는 식으로 조리법의 종류가 적혀 있는 경우가 있었기 때문입니다.

또한, 단행본화에 즈음하여, 연재 당시에는 없었던 레시피를 추가했습니다. 해당 요리가 군의 급식인 경우에는 가능한 한 당시의 군 급양 관리 서적 등을 참고했으며, 그것이 어려운 경우에는 당시의 요리책을 참고했습니다. 그렇기 때문에 현재 유포되고 있는 레시피에 비하면 뭔가 부족하거나 반대로 번잡한 부분이 적지 않을 것입니다.

제목에서는 '재현! 세계의 군대 미식'이라고 강조하고 있습니다만, 역사를 좋아하시는 여러분이라면 아시다시피 '역사라는 시간' 저편의 요리를 100% 재현한다는 것은 거의 불가능한 일입니다. 이 점에 대해서는 부디 독자 여러분의 양해를 구하고자 합니다.

본 기획이 이렇게 하나의 형태로 완성되기까지, 많은 분들의 도움을 받았습니다. 깊은 감사의 말씀 전합니다.

시라이시 히카루 (역사감수) 감수자 인사

【약력】 도쿄 오차노미즈출신. 전사 연구가로서 계간 「NAVY YARD」, 계간 「밀리터리 클래식스」, 격월간 「역사군상」, 월간 「역사인」, 월간 「세계의함선」, 월간 「PANZER」등에 특집 기사나 연재 기사를 다수 집필 중. 영화에도 조예가 깊고 「멤피스벨」, 「최후의 출격」, 「아파치」, 「블랙 호크다운」, 「진주만」, 「아버지의 깃발」, 「이오지마에서 온 편지」, 「제로 다크 서티」, 「아메리칸 스나이퍼」, 「덩케르크」, 「1917」, 「미드웨이」등 여러 공식 프로그램 관련으로 집필했으며, 「제2차 세계 대전 영화 DVD 컬렉션」 시리즈를 감수하기도 했다. 밀리터리 관련 주요 저서로는 「진주만 기습 1941.12.8」(真珠湾奇襲1941.12.8), 「세계의 명함 히스토리아(世界の銘艦ヒストリア)」 1, 2권(이상 대일본회화 출간), 「제2차 대전의 특수작전(第二次大戦の特殊作戦)」 1, 2권, 「제2차 대전의 군용총기(권총&기관단총편)(第二次大戦の軍用銃 [拳銃&短機関銃編])」, 「제1차 대전 소화기도감 1914-1918(第一次大戦小火器図鑑1914~1918)」(이상 이카로스출판), 「도해로 알아보자! 전투기의 모든 것(図解でわかる!戦闘機のすべて)」, 「도해로 알아보자! 전차의 모든 것(図解でわかる!戦車のすべて)」, 「도해로 알아보자! 잠수함의 모든 것(図解でわかる!潜水艦のすべて)」(이상 GAKKEN 출간), 「제2차대전 해전과 군인(第2次大戦 海戦と軍人)」, 「명함 클라이맥스(銘艦クライマックス)」(이상 해인사 출간), 「독소전대전(独ソ戦大全)」(진유사 출간) 등이 있으며, 관상어 전문가로는 관상어 전문 월간지 「피시 매거진」 편집장을 15년간 역임한 바 있다. 이와 병행해서 「국제 관상어 전문 학원」학원장을 겸하기도 했음. 이외 다수의 TV 프로그램에 출연했으며, 관상어 관련 서적도 다수 집필한 바 있다. 현재 아쿠아호비 플래너로도 활동 중.

2010년 연말 즈음에 오랜 세월에 걸쳐 음식과 온천의 취재와 연구를 해 온 미즈나시 씨로부터 모종의 상담 요청을 받았습니다. 세계 각국 군인들의 식사에 대해 정리할 수 없겠는가 하는 것이었습니다. 그녀의 말에 따르면 '역사서나 군사 관련서, 전쟁 영화 등에서 가공이 아닌 사실에 근거한 요리나 음식을 골라내서 그것을 재현해 보고 싶다.' 라고 말이죠.

그때는 마침 전투식량을 비롯한 이른바 '군대식 밥(ミリ飯)'이란 것이 붐을 일으키면서 인지도가 올라가고 있던 시기이기도 했습니다. 또한 구 일본 해군의 사령부 소재지의 관광 홍보와 진흥 등을 겸하여 '해군 카레' 등이 당시의 레시피를 바탕으로 재현되어 일반인들에게도 널리 알려졌었죠. 이처럼 '군대의 먹거리'가 '항간의 지식' 가운데 하나로 확산되고 있다는 배경도 있어 단순히 군용 휴대 식량이나 구 일본 육군과 해군의 메뉴 소개 정도로 끝나서는 그냥 기존에 소개된 지식의 재탕에 삼탕이 될 우려가 있었습니다.

하지만 미즈나시 씨가 착안한 것은 전 세계 군인들이 먹었던 요리이며 가능하면 그 배경에 서적이나 영화 등의 출처가 있는 것이었습니다.

마침 이 점에서 다행히 오랜 세월에 걸쳐 모아온 저의 군사 관련 서적과 전쟁 관련 영화의 컬렉션이 육해공을 포함하여 상당한 범위를 커버하고 있었기에 출처를 찾는 것은 그리 어렵지 않을 것이라고 생각되었습니다. 그래서 당시 「역사군상」의 편집장을 맡고 있던 이케우치 히로아키(池内宏昭) 씨에게도 얘기를 했는데, 즉석에서 "그거 재밌겠네, 꼭 시작해봅시다."라는 답변을 받고 2011년 4월호부터 연재를 시작했습니다.

이후 10년 이상 연재가 이어지면서, 단행본으로 묶을 수 있을 분량의 기사가 준비되었습니다. 그래서, 일찍이 또한 「역사군상」의 연재 코너 가운데 하나였던 「명함 HISTORIA」를 「세계의 명함 히스토리아」 2부작으로 묶어 단행본으로 만들어 주신 아트박스사의 「NAVY YARD」 편집장 고토 츠네히로씨에게 부탁드렸더니, 감사하게도 흔쾌히 맡아주셨습니다.

이번 단행본화에 즈음하여, 이케우치 히로아키 씨를 비롯하여 현재 편집장을 맡고 계신 호시카와 다케시(星川 武) 씨와 연재 개시 이래로 지금도 담당을 맡고 계신 편집자 누마타 카즈토(沼田和人) 씨에게 감사의 말씀을 드립니다.

또한 걸핏하면 늘어지곤 하는 저와 미즈나시 씨를 이끌고 단행본화를 힘차게 추진해 주신 고토 쓰네히로(後藤恒弘) 씨에게는 각별히 깊은 감사의 말씀을 드립니다. 고토 쓰네히로 씨의 밀리터리에 관한 넓은 식견에 근거한 판단에 몇 번이고 도움을 받았습니다. 그리고 단행본 발매를 승인해 주신 대일본회화의 오가와 코지(小川光二) 사장님께도 깊은 감사를 드립니다.

그러나 우리가 무엇보다 감사의 마음을 드려야 할 것은 지금 이 책을 손에 쥐고 계신 독자 여러분일 것입니다. 이 책을 통하여 '맛있는 시간'을 보내실 수 있다면 저자와 감수자로서는 이 이상 기쁜 일은 없을 것입니다. 정말 감사합니다.

2022년 음력 10월 길일, 메트로폴리스의 스카이라인을 바라보면서.

▲감수자가 무척 좋아하는 염장 청어 (P20~)

Gourmet of the military around the world

들어가며

고대로부터 '군세(軍勢)'가 스스로 휴대하는 식량은 의외로 적었고, 침공해 들어간 지역에서 생산하는 음식이나 식재료를 징발 혹은 약탈하여 이용해 왔습니다. 그리고 토지를 지배하고 적국의 식량 생산력을 자국에 편입하는 것은 전쟁의 큰 목적 중 하나였습니다. 그러나 시대가 바뀌고 휴대에 적합한 식량이 개발되어 '군세'에서 발전한 근대의 무력 조직인 '군대'는 '자기 몫의 식량'을 먹게 되어 '침공한 지역에 대한 의존도'가 감소했으며, 전쟁의 목적에서도 '식량 생산력의 수탈'의 비중이 크게 낮아졌습니다.

하지만 군에 공급되는 자국 생산 식량의 비중은 국가에 따라 다릅니다. 제2차 세계 대전기를 예로 들자면 미국처럼 필요량의 거의 100%를 공급하던 국가가 있었던 반면, 일본처럼 '현지 조달'의 비중이 높은 국가도 있었습니다. 이것은 해당 국가의 병참 능력, 식량 생산력의 규모 등에도 크게 영향을 받습니다만, 대원칙으로서 '전선에 전개한 자국군이 필요로 하는 식량을 완전히 조달할 수 있을 것'이, '근대적 군대'의 최저 조건의 하나이며, 이것이 불가능한 국가와 군대는 '전근대적'이라는 비난을 면하기가 힘듭니다.

본서에서는 군대의 먹거리와 관련하여, 사실이나 사실에 근거한, 이른바 '사실적 창작'을 출처로 하고 있으며, 이를 다시 미식이라는 시점에 서서 소개하고 있습니다. 따라서 이른바 '전투식량'이라 불리는 통조림이나 보존식량에 살짝 손을 댄 정도에 불과한 것은 굳이 게재하지 않았습니다.

그리고 저자인 미즈나시 씨가 정한 4가지 벡터를 바탕으로 '해당 요리'를 소개하기로 했는데, 첫째로 완성된 요리의 사진, 두 번째로 각각의 요리와 군사적·역사적·지리적 요소가 얽힌 에피소드, 세 번째로 실제로 조리해 보고 싶은 분을 위한 레시피, 마지막으로 게재한 요리의 출처와 그 배경을 더듬어 볼 수 있는 서적이나 영화의 해설이 바로 그것입니다. 즉 '보다', '읽다', '만들다', '배우다'의 4가지입니다.

즉 이 책은 '요리 사진집'이자 '요리 역사서'이며, '쿠킹북'이자 '관련 지식 참고서'라는 네 가지 요소를 겸비하고 있는 셈입니다.

비슷한 이유로, 독자 여러분이 본서에 게재된 요리를 '눈'으로 맛보고 '역사'를 맛보면서 '만드는' 맛을 느끼고, '지식'을 맛보실 수 있게 된다면 그것은 저자에게 있어서 이 이상 없을 기쁨이 아닐까 생각합니다.

Gourmet of the military around the world

제1장 **유럽편**

Table 1 — 어느 날의 미군 수뇌부 오찬
치킨 프리카세
Fricassee of Chicken

잘 구워진 부울(Boule, 프랑스 빵의 일종). 그렇다면 무슨 요리일까? 자세한 내용은 남아 있지 않지만, 약간 우묵한 접시에는 듬뿍 소스가 담긴 듯하다. 그렇다면 역시 '치킨 프리카세'일 것이다. 제2차 세계 대전 당시 미 해군의 급양 매뉴얼에는 이 요리가 정찬(점심 식사) 메인 메뉴의 예로 기록되어 있다. 이는 훨씬 이전 시대인 1902년의 매뉴얼에도 역시 실려 있다.

치킨 프리카세는 고전적인 프랑스 요리 중 하나다. 일반적으로 먹기 좋은 크기로 썬 닭고기를 볶아 생크림으로 끓여 크리미하게 마무리하는데, 풍미가 조금 부족한 닭고기의 맛이 깊어져서 많은 사람이 선호하는 메뉴다. 그날 '별'들이 둘러앉은 테이블에 오를 수 있었던 것은 고급스럽지는 않지만 손이 많이 가는 요리였기 때문이 아니었을까.

그런데 제2차 세계 대전 이전의 양계업은 계란을 얻는 것이 주된 목적이었다. 때문에 군뿐만 아니라 미국 내에서도 닭고기 공급량은 쇠고기나 돼지고기 등에 비해 적었다. 닭고기 생산이 목적인 브로일러 산업이 1920년대에 시작되기는 했지만, 생산 효율은 아직 낮았다. 하지만 대전 중 미국 내에서 쇠고기·돼지고기 유통에 대한 통제가 실시되면서 닭고기 수요가 일시에 높아졌고, 보다 효율적인 닭 사육법이 개발되면서 생산 효율이 향상되었습니다.전쟁 후, 그 기술은 세계 가금육 산업에 큰 영향을 미쳤다. 참고로 브로

'우리 군 수뇌부는 점심시간도 아껴가며 승리에 전념합니다'라는 식의 선전 사진일까. 미군의 전략을 결정할 통합참모회의(JCS: Joint Chiefs of Staff)의 오찬 모습이다. 오른쪽부터 조지 마셜 육군참모총장, 어니스트 킹 해군작전부장, 윌리엄 리히 의장, 헨리 아놀드 육군 항공대 사령관. 이 회의는 동맹국인 영국의 통합참모장위원회에 대응하는 조직으로, 통합회의를 발전시켜 창설되었다. 마셜의 왼손 탁상에 놓여 있는 것은 급사 호출용 유선 스위치 세트로 보인다.

> **토막지식**
>
> 프리카세는 프랑스에서 예로부터 먹어 온 가정 요리로, 어원은 '썰고 볶는다'이나 프랑스에서는 흰 조림 요리를 가리킨다. 비슷한 요리로 크림 스튜가 있는데, 스튜는 재료를 살짝 볶아서 끓이는 것에 비해 프리카세는 고기에 밀가루를 묻혀 볶아 감칠맛을 낸 뒤 화이트 소스에 끓여 고기를 메인으로 즐기는 요리이다.

recipe

치킨 프리카세

●재료 (10인분)
닭고기(뒷다리) 2.5kg
밀가루 140g
소금 적당량
후추 적당량
계지 또는 버터 또는 올리브유 적당 적당량
물

〈그레이비용〉
밀가루 90g
물과 우유 약 2리터
　※비율은 취향대로 한다. 반반 넣기보다는 우유를 좀 더 넉넉하게 넣는 것이 좋다.
소금 적당량

●만드는 법
①닭고기는 4~5cm 크기로 썬다.
②밀가루, 소금, 후추를 섞어 ①의 닭고기에 입힌다.
③②의 닭고기를 팬에 넣고 전체에 노릇노릇하게 구워낸다.
④깊은 냄비에 ③과 고기를 덮을 정도의 물을 넣고 뚜껑을 덮어 2~3시간 동안 고기가 부드러워질 때까지 끓인다.
⑤그레이비를 만든다. 밀가루와 물을 섞어 덩어리가 생기지 않도록 섞어 페이스트를 만든다. 치킨 스톡과 우유를 합계 약 2리터 준비한다(비율은 취향에 따라서 반반 정도에서 우유가 조금 더 넉넉히 넣는 것이 좋다). 페이스트를 스톡에 넣고 10~15분, 적당한 농도가 될 때까지 천천히 졸이며 소금으로 간을 맞춘다.
⑥⑤에 ④의 고기를 넣고 데운다.
⑦흰쌀밥이나 으깬 감자를 곁들여 상을 차린다.
※닭고기 외에 양파나 양송이버섯을 볶아 넣어도 좋다.
※허브로 월계수 잎을 사용하면 향기가 좋다.
※마무리로 생크림을 넣고 끓이면 풍미가 진해진다.

일러란 문자 그대로 굽는다는 의미의 'broil'에 적합한 크기의 부화 후 8~12주령의 어린 닭을 말한다.

급양 매뉴얼에는 예전엔 몇 종류 되지 않던 미군의 닭고기 요리 레시피도 요즘은 대략 50가지가 넘는다. 멕시코의 치킨 엔칠라다(chicken enchilada)에 자메이카의 저크 치킨(jerk chicken), 일본의 데리야끼 치킨까지, 역시나 이민 국가의 군대다운 메뉴들이다.

미군의 구성원 대다수가 기독교 신자였던 제2차 세계 대전 중에는 딱히 상관 없었을지도 모르지만, 종교상의 금기가 없는 닭고기는, 다양한 종교를 포용하는 현재의 미군에게는 사용하기 편리한 식재료일지도 모르겠다.

1912년 1월, 전황 지도를 참조하며 협의 중인 마셜 육군 참모총장(좌)과 헨리 스팀슨 전쟁장관(우). 미국의 작전 계획에는 '급양'을 포함하여 면밀하게 짜인 병참계획이 반드시 수반됐다. 때문에 구 일본군의 '징기스칸' 작전과 같은 '공상'의 병참 계획따위는 절대로 승인되지 않았다.

Table 2
영국 공군이 출격 전에 먹는 특별식
베이컨 에그
Bacon and Eggs

1955년작 영화 『댐 버스터(The Dam Busters)』에는 이런 장면이 나온다. 장교 식당에서 일하는 영국 공군 부인 보조 부대(WAAF) 대원이 '오늘 밤 출격인가요?'라고 묻는다. 그리고 체스타이스 작전(Operation Chastise)을 위해 출격을 앞둔 제617 비행 대대 깁슨 중령의 식탁에는 베이컨과 계란프라이가 오른다. 출격하지 않는 장교는 주문해도 절대 제공되지 않던 '목숨을 건 한 접시', 바로 그 자체였다.

제1차 세계대전에서 식량난을 겪은 영국은 제2차 세계대전 발발 후 얼마 지나지 않은 1940년부터 식량 배급제를 실시, 군에서조차 계란이나 베이컨은 충분히 사용할 수 있는 식재료가 아니게 되었다. 원래 영국인의 식사는 소박하고 검소하다는 특징이 있어서 군에서도 늦은 저녁은 홍차와 빵 정도가 전부였으나, 야간 출격을 앞둔 제617 비행 대대원뿐 아니라 항공기 승무원들에게는 출격 전에 귀한 계란과 베이컨이 제공됐다. 19세기 이후 잉글리시 브렉퍼스트의 전형적인 메뉴라고 할 수 있는 베이컨과 계란은 전쟁 발발 후에는 '실전을 앞둔 이들을 위한 특별식'으로 모습을 바꾼 것이다. 그리고 무사히 귀환하면 다시 베이컨과 계란을 먹는 일도 드물지 않았다.

베이컨은 주로 북유럽에서 보존용 식육으로 널리 쓰였다. 그 시초는 덴마크라고 하는데, 당시의 바이킹이 항해용

1943년 5월 16~17일에 실시된 체스타이스 작전을 지휘한 가이 깁슨 중령(왼쪽 끝)과 애기 '깁슨의 G'호기의 승무원 중 4명의 사진이다. 이 작전은 독일 루르 공업지대에 전력을 공급하는 수력 발전 댐의 파괴가 목적이었는데, 신무기인 도약폭탄(Bouncing Bomb) 업키프(upkeep)를 탑재한 특별 개조형 랭커스터 폭격기 19기를 동원하여 2개의 댐을 파괴하는 등 큰 피해를 입혔다. 영화『댐 버스터』에서는 깁슨 역을 맡은 리처드 토드에게 베이컨과 계란프라이 한 접시가 배식됐다.

recipe

베이컨 에그

●재료
베이컨   2~3장
계란   1~2개

●만드는 법
① 팬에 베이컨을 넣고 처음에는 약한 불에서, 이후 중불로 베이컨의 기름기가 배어 나오도록 굽는다.
② 적당한 시점에 뒤집어서 베이컨 가장자리가 갈색으로 바삭하게 익으면 접시에 덜어낸다.
③ 베이컨을 구운 프라이팬에 계란을 넣고 약한 불에서 베이컨 기름을 끼얹어 튀기듯이 굽는다.
④ 입맛대로 다 익으면 베이컨과 함께 담고 소금, 후추를 뿌린다.
※ 프라이팬에 베이컨이 구워진 곳에서 계란을 깨 넣고 동시에 굽기도 한다.

토막지식

베이컨은 돼지고기를 염장-오랜 전통 제법인 소금 등을 직접 문지르는 방식인 마른간법(Dry Salting) 외에 소금물(훈제액)에 담그는 물간법(Wet Salting)이 있다-하여 훈연, 가열한 것이다. 단시간에 저렴하게 양산하고자 할 경우에는 각종 배합 조미액을 고기에 주입하여 풍미와 훈연향을 더하기도 한다.

저장 식량으로 소금에 절인 돼지고기를 불에 구워 저장하는 과정에서 우연히 '훈연'의 이점을 발견해 그 기술이 다시 11세기에 영국에 전파되었다고 한다. 원래 영국에서는 소금에 절인 삼겹살을 많이 먹었는데, 보존 기간이 길어지는 데다 맛도 좋아지는 베이컨은 뱃사람뿐만 아니라 농민에게도 중요 식품이 되었다.

영어에는 베이컨을 이용한 관용 표현이 있다. 'bring home the bacon'은 가족을 부양하다, 해내다, 이기다, 'save one's bacon'은 생명을 살린다는 뜻이다.

임무를 완수하고 무사히 귀환해 주었으면 한다…. 한 접시의 베이컨 에그에는 그런 마음이 담겨 있었을지도 모른다.

투발 시험을 위해 도약폭탄 업키프를 투하하는 애브로 랭커스터 폭격기. 사진은 댐 버스터 버전으로 개조된 기체로, 4발 중폭격기의 저공비행과 투발을 위해서는 뛰어난 조종 기술이 필요했다.

Table 3
장갑함 아드미랄 셰어 승리의 점심 식사
비스마르크 스타일 스테이크
Bismarck- Steak

「두툼하고 육즙이 줄줄 흐르는 비프 스테이크에는 너무 많은 계란이 올라가 고기가 보이지 않을 정도였다.」 (Theodor Krancke 저, 『Schwerer Kreuzer ADMIRAL SCHEER』에서 발췌)

1941년 4월 1일, 약 5개월에 이르는 장기간의 통상 파괴 임무를 성공적으로 수행하고 귀항한 아드미랄 셰어의 함상에서 준비된 점심은, 이 쾌거를 축하하기 위해 내방한 독일 함대 사령장관 에리히 레더 제독(원수)을 놀라게 했다.

함장인 크란케 대령은 '모든 것은 영국 냉장선 두케사(DUQUESA)호 덕분이며, 이 점심은 함내 장병들에게 차별 없이 제공됐습니다'라고 대답했다 두케사호는 크리스마스용 식재료를 영국으로 운반 중이었는데, 그 중 43,000개 이상의 계란과 약 수 톤의 고기와 버터, 대량의 가금육이 셰어로 옮겨졌다.

히틀러가 총통 자리에 오른 이래, 독일에서는 지난 대전에서의 식량 결핍을 근거로 식량의 자급이나 절약이 장려되고 있었다. 그리고 개전 몇 개월 전부터는 식량 배급제를 준비했고 개전 직전에 실시되었다. 하지만 이날 크란케 함장이 준비한 것은 그 영향을 받지 않는 푸짐한 점심 식사였다.

적도 부근, 아프리카 대륙과 남아메리카 대륙의 중간 지점인 대서양 한복판에서 나포된 두케사호는 과거 스페인과

◀ 지브롤터에 입항하는 장갑함 아드미랄 셰어. 사진은 1936년경에 찍힌 것으로, 크란케 대령이 함장을 맡은 것은 1939년 10월 31일~1940년 2월 4일 및 1940년 6월 17일~1941년 6월 3일까지였다.

▶ 레더 제독. 제2차 세계 대전에서 해군 총사령관으로 독일 해군을 지휘했지만 대전 중반 히틀러의 폭언을 견디지 못하고 사임했다. 최종 계급은 해군 원수. 사진은 1940년에 촬영된 것이다.

r e c i p e

비스마르크 스타일 스테이크

●재료
쇠고기(스테이크용)　200~300g
소금　적당량
후추　적당량
계란　1~3개
감자(가니시)　적당량
우지　적당량
버터　적당량

●만드는 법
① 가니시로 올릴 감자는 삶아 둔다.
② 소고기에 소금, 후추를 뿌린다. 팬에 쇠고기를 넣고 고기를 원하는 정도로 굽는다.
③ ②의 팬에 버터를 녹여 계란프라이를 만든다.
④ 스테이크 위에 계란프라이를 올리고 감자를 곁들인다.

토막지식

비스마르크 헤링(Bismarck herring, 청어 초절임) 등 미식가 비스마르크의 이름을 딴 음식은 많지만 그중 하나가 메인 식재료에 계란을 얹는 음식이다. 보통은 반숙 계란프라이를 올리는 경우가 많다. 일본에서도 이탈리아 레스토랑 등에서 '비스마르크 스타일의 아스파라거스', '비스마르크 스타일의 피자'라는 요리명으로 판매하고 있다.

포르투갈이 식민지로 삼았던 남미산 식재료를 싣고 있었다. 그렇다면 스테이크의 쇠고기는 남미에 도입된 인도 혹소와 유럽산의 육우의 교잡품종으로 비계와 살코기가 또렷하게 구분된 씹는 맛이 있는 고기였을 것이다.

그리고 가니시도 너무나 익숙한 껍질이 붙은 감자임에 틀림없다. 귀환 직후인 아드미랄 셰어에 식량이 보급됐을 리도 없고, 여러 채소 중에서도 오래 보존할 수 있는 감자는, 항해의 마지막까지 남아 있었을 것이다.

두케사호 나포 이후, 셰어에서는 무한리필 에그 스크램블에 에그 푸딩, 혹은 계란이 들어간 수프와 계란 요리가 푸짐하게 제공됐다. 이날의 점심 식사 또한 버터를 듬뿍 넣어 구워낸 계란프라이가 스테이크에 실렸을 것이다. 이것은, 유럽에서 자주 볼 수 있는 조리법이다.

참고로 전함 비스마르크의 함명의 유래가 된 독일의 철혈 재상 오토 폰 비스마르크는 미식가로 알려졌는데, 그는 계란프라이를 얹은 스테이크를 좋아했다고 한다. 같은 독일인 셰어의 주방장이 이런 일화를 알고 있었다고 해도 딱히 이상한 일은 아닐 것이다.

Table 4
전함 비스마르크에서 제공된 전통 요리
아인토프
Eintopf

　군함에서 장교와 부사관, 병사를 차등 대우하는 것은 만국 공통이며 이는 식당의 구조 등에서도 찾아볼 수 있는데, 제공되는 식사는 독일 해군의 경우 질과 양 모두 큰 차이가 없었다고 한다. 독일의 일반 가정에서는 끓인 요리를 냄비째 식탁에 올려놓고 가족끼리 단란한 시간을 즐기는 경우가 많은데, 침몰 약 2개월 전인 1941년 3월 15일의 비스마르크 함 내에서도 그런 독일의 전형적인 식사 시간이 있었다.

　이날의 메뉴는 보크부어스트(Bockwurst)라는 소시지가 들어간 '아인토프'로, '아인'은 '하나(1)', '토프'는 '냄비(pot)'라는 뜻이기에 옛날 번역에서는 흔히 '잡탕찌개'라는 식으로 번역되는 경우가 많았으나 원래는 농작물과 축산물이 풍성한 독일 북부에서 일상적으로 먹어 온 소박한 향토 음식을 말한다. 냄비에 쇠고기나 돼지고기 혹은 소시지 등의 육류와 감자, 당근, 양파, 콩류 등 여러 가지 재료를 넣고 푹 끓인 것으로 스튜의 일종이라 할 수 있다. 만드는 사람에 따라 양념이 다르고 끓이는 재료도 제각각이기 때문에 완성된 형태도 국물이 자박자박한 상태에서 조림처럼 걸쭉한 것까지 다양하다.

　1933년에 나치 정권이 수립된 후, 정부는 군비 확대를 진행시키는 한편으로 국민에게 절약을 요구하여 식문화에서도 다양한 캠페인을 전개했다. 그 가운데 하나가 '일요일

비스마르크 함내에서의 식사 풍경. 보크부어스트를 통째로 끓인 아인토프를 먹고 있다. 국물의 색깔과 점도로 보아 콩이 들어갔을 가능성이 높아 보인다. 조리가 간단한데다 몸이 따뜻해지는 아인토프는 북쪽 바다에서 행동할 기회가 많은 독일 해군의 단골 메뉴 중 하나였다. 「비스마르크」가 격침되기 약 2개월 전인 1941년 3월 15일에 촬영된 사진.

r e c i p e

아인토프

●재료(2인분)
보크부어스트(구이용 소시지) 4개
감자 2개
당근 1/2개
양파 1/2개
렌틸콩(건조) 100g
부케가르니 1봉
물 600ml
콘소메 1작은술
화이트와인 식초 1큰술
버터 10g

●만드는 법
①껍질을 벗긴 감자, 당근, 양파를 1cm 크기로 깍둑썰기한다.
②렌틸콩은 물에 잘 씻어 둔다.
③냄비에 버터를 넣고 가열한 뒤 렌틸콩을 넣어 중불에서 살짝 볶는다.
④냄비에 물, 부케가르니, 콘소메를 더해 렌틸콩이 부드러워질 때까지 약한 불에서 끓인다(20분 정도).
⑤렌틸콩이 부드러워지면 부케가르니를 제거하고 ①의 깍둑썰기한 야채와 보크부어스트를 넣고 중불에서 약 10분 정도 끓인다.
⑥소금, 후추, 화이트 와인 식초를 넣어 간을 맞추면 완성.

토막지식

보크부어스트는 1889년 베를린의 식당 주인인 R. 숄츠(R. Scholtz)가 송아지 고기와 쇠고기로 만든 것이 최초라고 한다. 이름은 진한 색깔의 라거 맥주의 일종인 보크(bock)를 마시며 먹는 데서 유래했다. 독일에서도 대중적인 훈제 소시지로, 현재는 돼지고기를 쓰기도 한다. 참고로 '부어스트'는 '소시지'라는 뜻. 독일에는 1,500종 이상의 다양한 소시지가 있다고 한다.

의 한 냄비 요리(Eintopfsonntag)'였는데 한 달에 한 번 일요일에 모든 독일 국민이 아인토프를 먹자고 주장하며 곳곳에서 이 음식을 가난한 사람들에게 제공하는 한편으로 가정에서는 아인토프를 먹고 알뜰하게 식비를 아껴 국가에 기부하라는 내용이었다.

전통적인 독일 요리를 축으로 하여 국민의 연대감과 내셔널리즘의 고양, 나아가 국고 수입 증대까지 도모한다고 하는, 그야말로 '프로파간다의 천재'라 일컬어진 선전가 요제프 괴벨스다운 아이디어였다.

비스마르크의 웅장한 모습. 영국이 자랑하는 순양전함 후드를 일격에 굉침시켰으며, 최후의 순간까지도 높은 생존성을 보였다. 근래 들어 비스마르크 급 전함의 방어력을 과소평가하는 의견도 있지만, 병기라는 것은 실전에서 나타낸 결과가 현실이며 전부라고 할 수 있기에 단순한 제원만을 살펴보고 무기에 대해 논해서는 안 될 것이다.

Table 5
이탈리아 모데나 육군사관학교의 단골 메뉴
렌틸콩을 곁들인 잠포네
Zampone con Lenticchie

    제2차 세계 대전 중 이탈리아 육군 장교로 동부 전선 등지에서 싸우다가 파르티잔 지도자로 변신한 작가 누토 레벨리(Nuto Revelli)는 매주 목요일 생도 식당에선 잠포네와 렌틸콩이 나왔다고 했다. 1939년부터 41년, 이탈리아 중북부의 에밀리아로마냐주(Regione Emilia-Romagna) 모데나(Modena)의 육군사관학교 생도 시절의 회고다.

    '잠포네'는 고기, 비계, 껍질 등을 섞은 다진 돼지고기를 소금과 후추, 향신료로 양념해 뼈를 발라낸 돼지 앞다리 껍질에 채운 소시지의 일종이다. 잠포네가 탄생한 것은 1551년 겨울로, 군사적 재능을 타고났다고 알려진 제216대 교황 율리우스 2세(Julius II)의 군대가 모데나 근교의 마을 미란돌라(Mirandola)를 포위했을 당시 미란돌라 사람들이 적에게 자신들의 돼지를 빼앗기는 것을 방지할 겸 식량 부족을 해소하고자 남은 돼지를 처분하고 모든 부위를 식재료로 이용했다고 하는 것이 그 기원이다. 이때 미란돌라 사람들은 도려낸 돼지 다리에 고기 속을 채워 저장 식량으로 삼았다고 한다. 참고로 동물의 다리라는 뜻인 'zampa'에 확대 접미사인 'one'가 붙은 'Zampone'는 '큼지막한 다리'라는 뜻이며, 이탈리아에서 만든 위의 사진 속 잠포네도 실은 1킬로그램 가까이 되는 양이다.

    이제 잠포네는 모데나의 전통 음식으로 널리 알려져 거의 일상적으로 먹고 있다. 또한 색이나 모양이 금화와 비슷

이탈리아 에밀리아로마냐주 모데나에 있는 모데나 육군사관학교. 모데나는 과거 에스테 가문이 통치하던 모데나 공국의 수도로, 1600년대에 건립된 에스테 가문의 두칼레 궁전이 현재 육군사관학교로 사용되고 있다. 이 학교는 1756년 창설됐으며 1798년 나폴레옹 보나파르트의 지시로 공병 과정과 포병 과정이 개설됐다. 부지 내에는 군사역사박물관도 있다.

recipe

렌틸콩을 곁들인 잠포네

●재료
잠포네   1개
렌틸콩(건조)   적당량

●만드는 법
①시판되는 잠포네를 그 사양에 따라 조리한다.
②건조 렌틸콩을 넉넉한 물에 삶는다 (20~30분) 아니면 부용을 넣고 약한 불에서 끓여도 된다.
③큰 접시에 잠포네를 통째로 혹은 적당히 썰고, 렌틸콩을 곁들여 제공한다.
※잠포네는 보통 염분과 지방이 많기 때문에, 렌틸콩은 소금 간을 적게 해서 조리하는 것을 추천합니다.
※그 밖에 매시드 포테이토 등을 곁들이는 것도 좋다.

전통적인 군장을 착용하고 의식에 임하는 모데나 육군사관학교 후보생. 세계적으로도 오래된 유서 깊은 사관학교 중 하나로 꼽힌다.

해서 재수가 좋다고 여겨지는 렌틸콩과 조합해, 이탈리아에서는 섣달 그믐부터 신년의 식탁에 등장하는 일이 많다. 렌틸콩은 유럽에서 오래 전부터 먹어온 콩의 일종으로, 고대 로마 시대에는 말린 콩을 군량으로 삼아왔다고 한다. 그런데 이탈리아어에는 'Giovedì gnocchi, Venerdì pesce, Sabato trippa(목요일엔 뇨키, 금요일엔 생선, 토요일엔 트리파)'라는 표현이 있다. 사실 이탈리아에서는 기독교의 가르침에 근거해 금요일에 육식을 삼가는 풍습이 있어서 목요일에는 속이 든든해지는 배부른 뇨키나 몸보신이 되는 묵직한 요리를 듬뿍 먹는 습관이 일부 남아 있다고 한다. 전통을 중시하는 사관학교에서는 그것이 '목요일의 잠포네' 아니었을까.

참고로 누토 레벨리는 사관학교 졸업 후 초임장교로 제2 알피니 연대 보르고 산 달마초 대대(Battaglione Borgo San Dalmazzo)에 부임했다.

토막지식

모데나산 잠포네는 유럽 연합의 지리적 보호 표시 제도(IGP) 지정을 받았으며 검사를 통과한 것만 'Zampone Modena IGP'로 표시된다. 또, 잠포네와 같은 시기에 탄생해 비슷한 대접을 받고 있는 코테키노(Cotechino)는 잠포네와 거의 같은 내용물을 돼지 창자에 채운 것. 둘 다 삶아서 적당한 두께로 썰어 식탁에 올린다.

Table 6

U보트 승무원을 기쁘게 한 심해의 일품 요리

소고기롤 조림

Rinderrouladen

　귀환한 U보트 승무원들의 첫 임무는 축하 만찬에 참석하는 것이었다. 샴페인이나 맥주를 진탕 마시고 호사스런 식사를 실컷 먹었다. 곰팡이가 피고 역겨운 냄새가 나는 빵으로부터의 해방이었다. 『강철의 관: 한 생존자가 기록한 대서양 전투(Die eisernen Särge)』을 저술한 헤르베르트 A 베르너를 시작으로, U보트 승무원 출신들은 이구동성으로 각자의 회고록에서 이렇게 말하곤 했다.

　출항 시 U보트에는 대량의 식량이 적재됐다. 3개월 간의 초계 임무에 맞춰 약 15톤. 하지만 식량창고가 너무도 좁았다. 그래서 Ⅶ형 U보트에는 두 곳의 화장실 중에서 주방과 가까운 쪽이 임시 창고로 잡히기 일쑤였다. 주방도 불과 1.5×0.7 미터 정도의 협소한 공간이었고, 핫 플레이트가 부착된 전기 레인지 하나, 오븐 하나, 국 냄비 하나, 싱크대 하나만 가지고 약 50인분의 식사를 제공해야 했다. 메뉴는 양갈비나 식초절임 청어, 곰팡이가 핀 부분만 긁어낸 빵으로 만든 샌드위치이거나, 아니면 비타민 C 보급용의 대량의 레몬이거나….

　로타어 귄터 부흐하임(Lothar-Günther Buchheim)이 자신의 U보트 체험을 바탕으로 쓴 『특전 유보트(Das Boot)』에서는, 간신히 위기를 벗어난 후의 식사라고 해 봤자 어차피 통조림 소시지 정도겠거니 생각하고 있던 차에 쇠고기 롤과 로트콜(Rotkohl)이 나오자 "우리 배의 취사

칠십자훈장을 받은 U-50 승무원들. 1940년 3월 2일, 빌헬름스하펜에서 촬영된 사진이다. 이 함은 U보트 7B형으로 약 한 달 뒤인 1940년 4월 6일 북해에서 격침당하면서 승조원 44명 전원이 전사했다. 이들에게도 소고기롤 조림 손이 많이 가는 요리를 맛볼 기회가 있었을까.

내부 공간이 협소한 U보트에서는 햄·소시지를 천장에 주렁주렁 매달았고, 해먹까지 빵 덩어리로 채우고도 모자라 채소, 과일, 통조림을 함께 여기저기에 처박아 놓기 일쑤였다. 특히, 건조 초기에 장기 원양 작전을 상정하지 않았던 U보트 7형의 경우 이러한 경향이 매우 강했다.

recipe

소고기롤 조림

●재료(6인분)
- 소고기 사태살 혹은 사태살을 얇게 저민 것   약 1.2kg 이상
  (롤 하나에 200g 조금 넘게 필요)
- 머스터드 페이스트   6작은술
- 베이컨   6장
- 다진 양파   1/2개
- 오이 피클   작은 것 3개
- 라드   3~4큰술
- 물   2와 1/2컵
- 다진 샐러리   2컵
- 리크   1/3컵
- 파슬리   3줄기
- 소금   1작은술
- 버터   1큰술
- 밀가루   2큰술
- 후추   적당량

●만드는 법
① 양파는 다지고 오이 피클은 가늘고 긴 막대 모양으로 썬다.
② 사태살은 덩어리일 경우 6등분하여 두께 5~6mm, 10cm×20cm 정도가 되도록 두들겨 펴 주고, 얇게 썬 고기라면 필요에 따라서 겹쳐 펼친 뒤 전체에 소금, 후추, 머스터드를 바른다.
③ ②의 쇠고기 위에 다진 양파, 베이컨, 오이 피클을 올리고 고기를 돌돌 말아준다.
④ 뚜껑이 두꺼운 냄비에 라드(혹은 식용유)를 넣고 중불에 올려 ③의 쇠고기 롤을 넣고 표면을 구워 별도의 접시에 덜어 놓는다.
⑤ ④의 냄비에 물을 넣어 탄 부분을 잘 풀어내고, 샐러리, 리크, 파슬리, 소금을 넣고, 덜어둔 쇠고기 롤을 다시 넣은 다음 뚜껑을 덮고 약불에서 1시간 정도 끓인다.
⑥ 다시 쇠고기 롤을 덜어 호일로 싸는 등 식지 않도록 한다.
⑦ ⑥의 냄비에서 끓인 국물을 거르고, 거른 국물을 냄비에 넣어 끓인다.
⑧ 다른 소스 냄비에 버터를 녹이고 밀가루를 넣고 약한 불에서 밀가루가 노릇노릇해질 때까지 볶는다.
⑨ ⑧에 ⑦의 졸여놓은 육수를 조금씩 더해 소스를 만든다.
⑩ 큰 접시에 쇠고기 롤을 담고 ⑨의 소스를 뿌린다.
※ 적양배추나 감자 등을 곁들여 상에 올린다.

병은 끝내주는 녀석이다"라고 칭찬하는 장면이 나온다. 죽음의 공포를 맛본 직후의 동료들을 위해 그들의 유일한 즐거움이었을 식사로 멋진 요리를 내온 취사병의 의기에 감탄했을 것이다.

소고기롤 조림은 크기 20cm, 두께 35mm 정도로 얇게 썰어낸 소고기를 소금, 후추, 겨자로 밑간해 베이컨과 오이피클, 양파 등을 말아 구워내서 다시 끓이는 방식의 제법 손이 많이 가는 요리다. 다진 고기나 당근 등의 야채를 마는 등 지역이나 가정에 따라서 레시피에 다소 차이가 있지만, 일요일이나 명절 정찬으로 내놓는 경우도 많은 독일의 대표 요리이다. 곁들인 것은 새콤달콤하게 끓인 로트콜이나 크뉘델 등으로, 많은 독일군 장병들에게 그것은 고향을 떠올리게 하는 그리운 맛이었는지도 모른다.

토막지식

'로트콜'은 적양배추 또는 조리 가공된 적양배추를 말한다. 대개는 양파를 볶고 거기에 채 썬 적양배추와 사과를 넣은 후 허브와 사과식초, 적포도주로 쪄서 고기 요리에 곁들이는 경우가 많다. 그리고 크뉘델은 삶은 경단 또는 만두 비슷한 요리다. 곁들이는 감자는 우선 삶았다가 으깨서 계란, 곡물가루, 향신료등을 더해 공 모양으로 둥글게 반죽한 뒤 다시 삶은 것.

Table 7

스탈린이 좋아했던 자쿠스카
셀룟카
Селёдка

「우선 보드카 1잔을 쭉 들이켜고… 그 후 다진 생양파를 올린 청어를 먹고, 다시 보드카를 마셨다….」(Bernard Hutton 저, 『Stalin:The Miraculous Georgian』에서 발췌). 스탈린은 언제나 보드카를 반주로 삼았으며, 이때 반드시라고 해도 좋을 정도로 셀룟카, 즉 소금에 절인 청어를 먹었다고 한다.

청어는 러시아 요리에서 빼놓을 수 없는 존재다. 자쿠스카(закуска, 전채요리)의 한 종류로 소금에 절이거나 마리네가 되어 식탁에 오른다.

러시아 요리는 채소와 육류가 많다는 이미지가 있지만, 옛날에는 러시아 정교의 육식을 금하는 관습을 지키기도 해서 생선은 중요한 식재료였다. 다만 볼가강이나 드네프르강, 바이칼호 등과 같은 거대 하천이나 호수에서 잡히는 철갑상어류를 비롯한 담수어가 주류이며, 해수어가 식탁에 오르는 것은 표트르 대제가 서구를 본받아 근대화를 추진하여 해양 어업이 발전한 18세기에 이르러서라고 한다.

하지만 청어는 16~17세기 러시아 서적에도 등장했다. 유럽에서 잡히는 종은 대서양 청어로, 프랑스 북서부로부터 바렌츠해, 북해, 발트해 전역에 이르는 광범위한 해역에 서식하며 러시아 연안에서도 잡혔다. 그러나 이 시대는 독일의 한자, 나중에는 네덜란드가 청어잡이를 거의 독점했으며, 소금에 절인 청어가 전용 통에 담긴 채 각국에 수출되

스탈린과 두 번째 아내 사이에서 태어난 딸 스베틀라나. 세 번째 아내인 로사 카카노비치는 스베틀라나 등 전처의 아이들을 양육하며 미식가였던 스탈린의 식사가 영양 균형이 맞도록 신경을 썼다고 한다. 하지만 스탈린 특유의 시의심으로 인해 스베틀라나는 1967년에 미국으로 망명해 그곳에서 회고록을 펴냈는데, 여기서 아버지인 스탈린의 성격에 대해서 글을 남겼다.

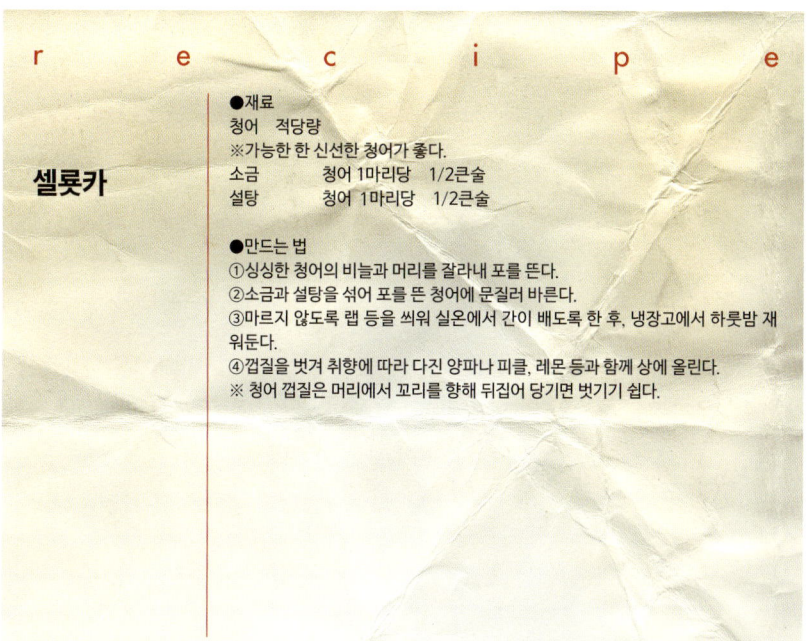

r e c i p e

셀룟카

● 재료
청어   적당량
※ 가능한 한 신선한 청어가 좋다.
소금   청어 1마리당 1/2큰술
설탕   청어 1마리당 1/2큰술

● 만드는 법
① 싱싱한 청어의 비늘과 머리를 잘라내 포를 뜬다.
② 소금과 설탕을 섞어 포를 뜬 청어에 문질러 바른다.
③ 마르지 않도록 랩 등을 씌워 실온에서 간이 배도록 한 후, 냉장고에서 하룻밤 재워둔다.
④ 껍질을 벗겨 취향에 따라 다진 양파나 피클, 레몬 등과 함께 상에 올린다.
※ 청어 껍질은 머리에서 꼬리를 향해 뒤집어 당기면 벗기기 쉽다.

1945년 8월 촬영된 스탈린. 현재의 조지아 태생으로 스탈린은 강철의 사나이라는 뜻의 필명. 본명은 이오세브 베사리오니스 제 주가슈빌리였다. 스탈린은 보드카를 좋아하는 미식가였지만 극단적인 비만은 아니었다.

었다. 청어잡이로 급격한 경제발전을 이룬 네덜란드에는 외국인 노동자들이 몰려들었고, 러시아 함대가 기항했을 때는 다수의 이탈자가 발생해 그대로 네덜란드 선원이 돼버렸다는 이야기도 남아있다.

이런 연유로 소금에 절인 청어는 러시아뿐만 아니라 북유럽 각국에 퍼져 나라마다 특색있는 레시피가 만들어졌는데, 예를 들어 소금에 절인 청어와 각종 채소를 수놓아 만든 '셀룟카 뽀드 슈보이(Селёдка под шубой, 모피 코트 아래의 청어)'라는 요리는 식량이 부족하던 구 소련 시절 서민들 사이에서 인기였다고 한다.

하지만 스탈린은 항간의 식량 부족 따위는 아랑곳하지 않고 마음껏 먹고 마셨던 모양이다. 그에게 있어 보드카와 청어는 식사의 시작으로, 이 뒤에 호화로운 메뉴가 계속 이어졌다.

> **토막지식**
>
> 셀룟카 뽀드 슈보이는 잘게 썬 셀룟카(때에 따라서는 생 청어)에 마요네즈와 스메타나(사워크림)로 버무린 당근, 양파, 감자, 사과, 비트(붉은 자색의 사탕무) 등을 쌓아 만드는 러시아식 샐러드. 보기에도 화려한 일품 요리다.

Table 8

동부 전선 이탈리아 군인들을 구한 양고기 요리

양 간과 양파 소테
Fegato con Cipolle

「양을 한 마리 잡았다며 양의 지방으로 양파와 함께 볶은 간을 나에게 주었다. 그 간은 믿기지 않을 정도로 맛이 좋았다.」『Il sergente nella neve』(Mario Rigoni Stern 저)에 나오는 구절이다.

1943년 1월, 독일군이 스탈린그라드 전투에 패하자 함께 싸우던 이탈리아군도 패주 행렬에 동참하게 되었다. 당시 제2 알피니 사단 '트리덴티나' 부대 예하 제6 산악연대 베스토네 대대 55중대의 중사 마리오 리고니 스테른은 자신의 경험을 빼어난 기록문학으로 남겨 지금까지 하고 있다.

소련군과 대치해 돈강 연안에 전개 중이던 그들은 니콜라예프카를 목표로 혹한의 초원을 도보로 이동했다. 도중에 식량이 바닥났으나 중간 지점의 마을에서 닭과 돼지, 양, 염소를 수시로 구할 수 있었던 것은 행운이었다. 이 책에는 양은 다른 날에도 먹었다고 기술돼 있는데 이때는 허벅지, 심장, 간, 신장을 초벌구이로 먹었다고 적었다. 꽁꽁 얼고 지친 몸에는 뜨끈하고 피가 흐르는 고기가 참을 수 없이 좋았다고 한다.

양은 기원전 800년경에 돼지나 소 등보다도 먼저 서남아시아에서 가축화되었다고 한다. 이후 양 목축은 고대 그리스·고대 로마를 거쳐 유럽 각지에 전파됐다. 부활절에 어린 양을 잡는 일도 흔해 명절에 먹는 고기라는 인상도 강하다.

이탈리아에서는 로마를 중심으로 한 라치오주(Regione

1941년 6월 22일, 독일군이 바르바로사 작전을 펼쳐 소련을 침공하자, 이탈리아의 무솔리니도 자국군을 동부전선으로 파견했다. 사진은 돈강 전선에서 도네츠크강 방면으로 설원을 철수 중인 제2 알피니 사단의 장병들. 알프스의 눈에 익숙한 산악부대도 러시아의 혹한은 견딜 수 없었다. 스탈린그라드에서 독일 제6군이 항복한 1943년 1월 촬영.

양 간과 양파 소테

recipe

●재료(2인분)
양의 간   300g
양파   1/2개
밀가루   적당량
버터   10g
소금   적당량
후추   적당량

●만드는 법
① 양의 간은 큼직하게 잘라 키친 타월 등으로 표면의 수분을 닦아낸 뒤, 표면에 밀가루를 묻혀 둔다.
② 양파는 1cm 너비 정도로 썬다.
③ 팬에 버터를 넣고 녹인 다음 ①의 양 간을 넣고 ②의 양파를 넣어 볶는다.
④ 소금, 후추로 간을 맞춘다.

토막지식

페코리노 로마노는 기원전 1세기경 로마 시대부터 전해져오는 가장 오래된 치즈의 일종으로, 양젖을 가공해 만든다. 독특한 풍미가 있는 데다 짠맛이 강하기 때문에 갈아서 파스타에 뿌리거나 소스의 재료로 사용하는 경우가 많은데, 현재는 양을 많이 사육하는 라치오주와 사르데냐주에서만 생산되고 있다.

Lazio) 주변에서 양을 많이 길렀으며, 아바키오(Abbacchio, 젖먹이 새끼 양) 로스팅, 카차토라(alla cacciatora, 스튜의 일종) 등 전통 양고기 요리가 유명하다. 또한 양치기들의 섬(L'isola dei pastori)이라고도 불리는 사르데냐(Regione Sardegna)에서는 새끼 양으로 만든 스페차티노(Spezzatino), 코르다(Corda, 새끼 양의 창자로 만든 토마토소스 조림), 페코리노(Pecorino, 양젖 치즈)와 양고기 미트볼인 포르페티네(Polpettine) 등이 향토음식으로 알려져 있다.

양의 간 요리로는 허브향이 강한 소테와 파테, 크림과 토마토를 이용한 찜 요리 등 손이 많이 가는 요리도 있지만, 혹한 속에서의 철수 도중 그들이 맛본 한 조각의 간은 병사들이 대충 만든 요리임에도 무엇과도 바꿀 수 없는 진수성찬이었을 것이다.

1942년 1월, 설원을 행군 중인 이탈리아군 부대. 이탈리아군은 독일군 기갑부대조차 애를 먹던 소련군 T-34 전차에 대항할 수단이 전혀 없었고, 방한 장비도 부실해서 장병들의 전의도 저조했다. 이러한 사정이 겹치면서 동부 전선에 투입된 이탈리아 군부대는 엄청난 희생을 치르고 말았다.

Table 9
미래의 장교를 대접한 니미츠 부인의 단골 일품 요리
치킨 누들 캐서롤
Chicken-noodle Casserole

1926년부터 1929년까지 체스터 니미츠 중령(당시)은 해군 예비사관훈련대(NROTC) 창설 명령을 받아 캘리포니아대학 버클리 캠퍼스에 해군 파견교수로 근무했다. 그 당시 토요일 점심에 학생들을 자주 집으로 초대했는데, 메뉴는 거의 정해져 있었다고 한다. 「니미츠 부인(캐서린)은 식비와 젊은이들의 식욕을 염두에 두고 오로지 닭고기와 파스타만 넣은 냄비 요리를 내놓았고, 이것이 큰 호평을 받았다.」 E. B. Potter가 쓴 『니미츠』에는 이렇게 적혀 있다. 여기서 말하는 냄비 요리는 바로 치킨 누들 캐서롤이다.

원래 캐서롤이란 '냄비'라는 뜻이지만 고기나 채소 등의 재료를 내열 용기에 넣어 오븐에 굽는 요리의 총칭이기도 해서 일반적으로는 냄비째로 식탁에 오르는 일이 많다.

1920년대의 미국에서는 제1차 세계대전 이후 식량을 절약하자는 의미에서 경제적인 가정식으로 캐서롤 요리를 자주 만들었다. 값싸고 질긴 고기라도 뚜껑을 덮고 시간을 들여 찌면 부드럽게 조리할 수 있고, 여기에 채소나 쌀, 마카로니, 파스타 등을 넣으면 양도 푸짐해졌다. 가계를 책임지는 주부들에게는 무엇보다 반가운 음식이었을 것이다.

니미츠 여사가 어떤 레시피로 치킨 누들 캐서롤을 완성했는지는 적혀 있지 않지만, 당시 출판된 가정 요리서의 일반적인 레시피를 살펴보면 일단 양파나 샐러리, 피망 등을 잘게 썬 것과 닭고기, 파스타, 화이트 크림 소스 등을 캐서

결혼 당시의 니미츠 부부 (1913년). 어느 나라에서나 기혼자인 위관급 장교의 가정은 아이가 있는 집이 많아, 영관으로 승진할 때까지 살림이 빠듯한 것이 보통이었다. 캐서린 부인 역시 다른 장교들의 아내와 마찬가지로 세심한 주의를 기울여 가계를 챙겼다고 한다.

1907년에 촬영된 젊은 시절의 니미츠. 독일계 미국인으로 아나폴리스 해군사관학교 졸업 후 얼마 지나지 않아 잠수함 장교의 길을 걷게 된다. 사관후보생 시절인 1905년, 일본에 방문했던 전함 USS 오하이오에 승함하고 있었는데, 동해 해전 전승 축하회에 초대되어 도고 헤이하치로 제독을 축하하는 자리에 참석, 잠깐이지만 대화를 나누기도 했다. 이후 1934년에 도고 제독이 사망하자 국장에 참석하기 위해 중순양함인 USS 오거스타의 함장으로 다시 일본을 방문했다.

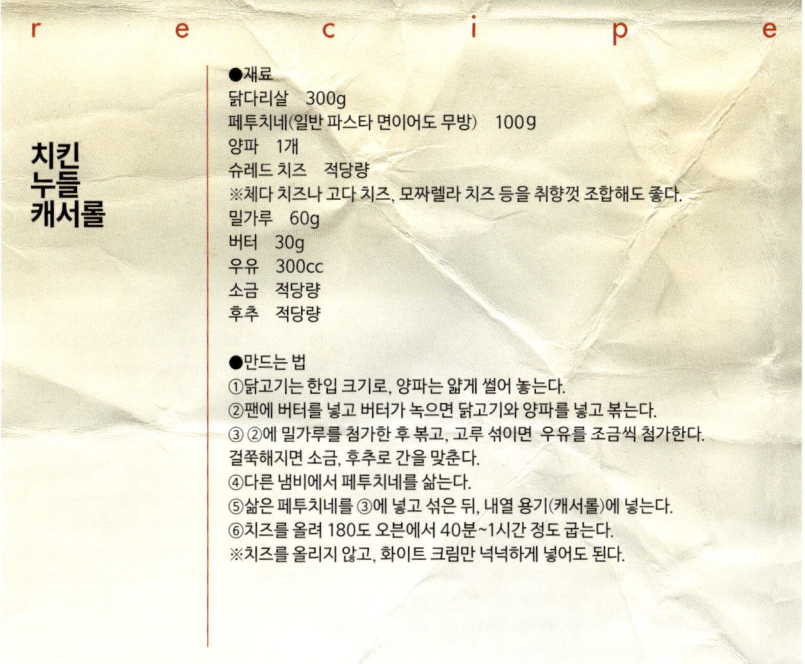

recipe

치킨 누들 캐서롤

●재료
닭다리살   300g
페투치네(일반 파스타 면이어도 무방)   100g
양파   1개
슈레드 치즈   적당량
※체다 치즈나 고다 치즈, 모짜렐라 치즈 등을 취향껏 조합해도 좋다.
밀가루   60g
버터   30g
우유   300cc
소금   적당량
후추   적당량

●만드는 법
① 닭고기는 한입 크기로, 양파는 얇게 썰어 놓는다.
② 팬에 버터를 넣고 버터가 녹으면 닭고기와 양파를 넣고 볶는다.
③ ②에 밀가루를 첨가한 후 볶고, 고루 섞이면 우유를 조금씩 첨가한다. 걸쭉해지면 소금, 후추로 간을 맞춘다.
④ 다른 냄비에서 페투치네를 삶는다.
⑤ 삶은 페투치네를 ③에 넣고 섞은 뒤, 내열 용기(캐서롤)에 넣는다.
⑥ 치즈를 올려 180도 오븐에서 40분~1시간 정도 굽는다.
※치즈를 올리지 않고, 화이트 크림만 넉넉하게 넣어도 된다.

롤에 넣고, 약 160~180도로 예열한 오븐에서 1시간 내외로 굽는다고 되어 있다. 소스를 직접 만든다면 손이 많이 가게 되는데, 이 부분에서 요리를 만드는 이의 개성이 나온다고 할 수 있다.

니미츠는 학생 개개인에게 아버지와도 같은 관심을 보이며 대했고, 부부는 학생들의 댄스 파티에 자주 초대받아 친분을 쌓았다고 한다. 얼마나 많은 학생들이 부인의 음식을 즐기고 자랑스러운 미합중국 해군 장교로 임관했을까.

토막지식

치킨 누들 캐서롤의 레시피 중에는 치킨 프리카세를 만들고 파스타 삶은 것을 섞어 굽는 등, 보다 공을 들인 것도 있다. 한편, 캠벨 수프에서는 1916년에 자사의 제품을 활용한 레시피가 실린 『Helps for the Hostess』이라는 책자를 발행, 캐서롤 요리에 농축 크림 수프 통조림을 이용하도록 하는 등, 부담 없이 만들 수 있는 레시피를 제안했고, 이것은 이윽고 미국 전역에 널리 보급되었다.

Table 10

나폴레옹의 승리를 축하한 야전 요리
치킨 마렝고
Poulet Marengo

프랑스 요리 중에 치킨 마렝고라는 것이 있다. 그런데 이 요리의 이름은, 실은 나폴레옹 보나파르트가 이끄는 프랑스군이 오스트리아군을 격파한 것으로 잘 알려진 마렝고 전투의 무대가 된 이탈리아 북부의 작은 마을 마렝고에서 따온 것이라고 한다.

1800년 6월 14일, 격전 끝에 극적인 승리를 거둔 나폴레옹은 저녁에 막료들과 함께 식사를 하기로 했다. 하지만 나폴레옹 쪽에는 전속 요리사인 뒤낭(Dunand)만 있고 정작 식재료를 실어 나르는 쪽은 본대를 미처 따라오지 못한 상태였기에 정작 음식을 만들 재료가 없었다. 그래서 뒤낭은 기병을 파견해 부근의 농가에서 식재료를 징발했다. 그렇게 손에 들어온 것은 몇 마리의 닭과 토마토, 마늘 정도였지만 다행히 그에게는 기름과 꼬냑이 있었다. 뒤낭은 닭고기를 기름에 구워, 으깬 토마토와 마늘, 꼬냑을 더해 요리를 완성했다. 현지에서 조달한 간소한 식재료로 만든 요리였지만, 목숨을 건 전투로 공복이 된 나폴레옹과 그의 막료들에게 있어 얼마나 맛있는 요리였는지는 상상하기 그리 어렵지 않다.

역시 그 유명한 나폴레옹과 얽힌 요리이기 때문인지, 그 전승에도 몇 가지 설이 있다. 재료를 조달할 당시, 재료가 모자라 인근의 강에서 잡은 가재까지 썼다는 얘기에 따라 현재의 치킨 마렝고에는 에크르비스(écrevisse, 유럽 가

▼마렝고 전투에서 부하 장병들에게 원군의 도착을 알리는 나폴레옹. 오스트리아군의 공격으로 후퇴를 시작한 나폴레옹이었지만, 앙트완 드 제 장군이 이끄는 증원에 힘입어 반격을 개시, 역전승을 거둘 수 있었다.

▲1801년, 자크 루이 다비드가 그린 '생 베르나르 고개를 넘는 나폴레옹'에는 아랍종 수말인 애마 마렝고에 탄 나폴레옹의 모습이 그려져 있다. 그의 애마에 붙인 이름은 당연하겠지만 극적인 승리를 거둔 마렝고 전투에서 유래했을 것이다

r e c i p e

치킨 마렝고

●재료
(영계) 뼈 있는 다릿살(뼈 없는 것도 가능) 1개
양송이 버섯   4개
양파   1/4개
마늘   1쪽
완숙 토마토(통조림 토마토도 가능)   200g
올리브유   적당량
파슬리   2줄기
바질   작은 잎 2장
화이트와인   100cc
닭 육수 또는 콘소메   약 150cc
월계수 잎   1장
소금   적당량
흑후추   적당량
밀가루   적당량

●만드는 법
①양송이는 얇게 썰고 양파는 잘게 다진 뒤, 토마토는 씨를 제거하여 깍둑썰기를 해둔다.
②닭다리살(뼈 포함)은 작으면 그대로 표면에 가볍게 칼집을 내고 크면 2~3조각으로 잘라 소금, 흑후추를 뿌리고 밀가루를 뿌린 다음 여분의 가루를 털어낸다.
③프라이팬에 올리브유와 으깬 마늘을 넣고 달군 뒤, ②의 닭고기를 껍질을 아래로 하여 올리고, 중간에 뒤집어서 전체적으로 먹음직한 색을 띨 때까지 구운 다음 팬에서 꺼내둔다.
④ ③의 프라이팬에 얇게 썰어 둔 양송이버섯과 다진 양파를 넣고 볶는다.
⑤화이트 와인을 넣고 끓인다.
⑥깍둑썰기한 토마토를 넣는다.
⑦③에서 꺼낸 닭고기를 다시 프라이팬에 넣고 닭 육수, 월계수 잎, 줄기 하나 분의 파슬리, 굵게 썬 바질을 넣고 살짝 끓인다.
⑧닭고기가 익으면 레몬즙과 남은 파슬리 다진 것을 넣고 소금, 후추로 간을 맞춘다.

재)나 계란프라이를 곁들여 내는 경우도 적지 않은데, 이것은, 나중에 레스토랑에서 제공하기 위해 좀 더 고급스럽게 '진화'시킨 결과라고도 한다.

또한 전쟁으로 피폐해지고 식량난을 겪던 마렝고의 농가에서 진짜 토마토를 얻을 수 있었는가 하는 의문을 갖는 연구자도 있다. 실제로 이탈리아 각 지방의 요리 자료를 정리하고 체계화한 것으로 유명한 이탈리아의 은행가이자 요리 연구가 페레그리노 아르투시(Pellegrino Artusi)의 레시피에는 토마토를 사용하지 않는 것으로 나와 있다.

이 닭고기 요리는 그 탄생 경위로 인해 프랑스 요리로도 이탈리아 요리로도 만들어졌지만, 어쨌든 나폴레옹에게는 승리를 상징하는 요리였다. 그 후 승리에 대한 기원을 담았던 것일까. 이후의 전투에서도 뒤낭이 만든 치킨 마렝고를 즐겨 먹었다고 한다.

토막지식

아르투시의 레시피에서는 토막낸 닭을 버터와 올리브 기름으로 볶아 소금, 후추, 육두구 등으로 간을 맞춘다. 그리고 밀가루를 뿌리고 화이트 와인을 부은 다음, 부용을 추가해 끓이고, 파슬리 다진 것을 넣은 뒤에 레몬즙을 뿌려 식탁에 올린다고 되어 있다. 하지만 원래부터 레시피 따위 없이 즉흥적으로 만든 야전 요리였기에, 이후로도 다양한 변형 레시피가 고안되곤 했다.

Table 11

일본계 병사들이 좋아하는 하와이 향토 음식
치킨 헤카
Chicken Hekka

「물을 붓고 콘소메를 푼 것을 간장 대신으로 여기저기 사용했다. 그리고 설탕으로 '몰래 징발한' 닭과 야채에 간을 한 것이 바로 치킨 헤카라고 하는데, 이들이 좋아하는 음식이다. 스키야키와 비슷한 맛이 난다.」 제2차 세계 대전 당시, 흔히 '니세이 부대(Nisei unit)'라고 불린 일본계 미군의 유럽 전선에서의 모습을 그린 『Unlikely Liberators: The Men of the 100th and 442nd』(Duus 마사요 저)에 기록된 구절이다.

일본인들의 하와이 이민은 메이지 초부터 시작됐다. 이 과정에서 다른 국가나 다른 민족 요리의 영향을 서로 받아 일본계 미국인들의 독특한 요리가 형성되어 온 역사가 있는데, 치킨 헤카도 그 가운데 하나이다. 하와이의 일본계 가정을 중심으로 전해지는 향토 요리로, 닭을 사용한 이른바 스키야키 스타일의 국물 요리다.

헤카(hekka)라는 말은 스키야키라는 뜻으로 쓰이지만, 원래는 일본식 쟁기(犁)의 보습 부분을 가리키는 헤카(へか)에서 유래한 것으로 보인다. 또한 「헤카」라고 하는 단어는 시마네나 히로시마처럼 서일본의 일부 지역에서 사용되어왔다고도 한다. 그리고 시마네현 오타시를 중심으로 '헤카야키' 혹은 '헤카나베'라고 부르는 향토 음식이 있는데, 이것은 생선을 야채나 곤약, 두부 등과 함께 스키야키 스타일의 냄비 요리로 만든 것이다. 하와이 이주민들은 서일

최전방에서 준비되는 따뜻한 야전 급식은 일본계 병사는 물론 전 세계 모든 장병들의 호응을 얻었다. 사진은 야전 급식을 받는 442연대 장병들. 일본계 부대에서는, 백인 부대에 부식으로 지급된 쌀을 물물교환으로 입수해서 쌀밥을 지었다고 한다. 또 하와이 출신이 많았기 때문에 파인애플 통조림도 인기가 있었지만 배급된 양은 적었다.

치킨 헤카

r e c i p e

● 재료
닭고기 500g
표고버섯 등의 버섯 2~3개
파 1/2개
양파 1/2개
물냉이 200g
간장 2큰술
술 2큰술
미림 1큰술
설탕 1큰술
물 적당량

● 만드는 법
① 닭고기는 2cm 정도의 한 입 크기로 자르고 표고버섯은 3㎜ 정도 두께로 슬라이스한다. 파는 2cm 정도로 썰고 물냉이는 5cm 정도로 잘라 양파는 두께 5㎜ 정도로 슬라이스한다.
② 냄비에 물 약간과 닭고기, 표고버섯을 넣고 간장, 술, 미림, 설탕을 더해 5분 정도 푹 끓인다.
③ 고기의 색이 바뀌면 양파를 추가한다.
④ 양파가 익으면 파, 물냉이를 더하고, 다 익으면 완성.

토막지식

시마네현 오타시의 하네 지구에 전해 내려오는 향토 요리 「헤카야키」는 향토 브랜드의 일종인 '오다 브랜드(おおだブランド)'로 인증되고 있다. 동해와 접한 하네 지구에서는 옛날부터 잘 잡히던 옥돔이나 성대, 달고기 등의 생선을 삶아 먹고 있었는데, 여기에 양파나 배추, 만가닥버섯과 같은 채소를 넣어 스키야키 풍 요리가 되었다. 간장, 술, 설탕의 달콤하고 진한 양념으로 조리하는데, 과거에는 제사나 경사스러운 날 먹는 음식이었지만 지금은 이와미 은광의 세계문화유산 등재를 계기로 접대용 요리로 주목받게 됐다.

본 출신이 많았다고 하니, 그들의 가정에서 만들어진 스키야키 요리가 '헤카'가 되었다는 설도 충분히 납득할 수 있을 것이다.

흔히 알려진 치킨 헤카는 냄비에 기름을 두르고 생강을 볶다가 한입 크기로 썬 닭고기를 추가해 볶은 후, 표고버섯, 죽순, 양파, 샐러리, 크레송, 당면 등과 함께 간장, 미림, 설탕 같은 달콤한 양념을 넣어 끓이지만 각 가정마다 레시피는 조금씩 다르다.

물론 시대가 시대였던 만큼 일본계 미군 부대라고 해서 특별히 일본식 요리에 필요한 식재료와 조미료를 배급받았을 리는 없을 것이다. 하지만 '일본계 병사들은 배급 통조림에 그치지 않고 어디에서든 신선한 음식을 찾는 일에 탐욕스러웠다'라고 두스 마사오가 적은 바와 같이, 이탈리아 전선의 안치오 부근에서는 운하에서 크레송을 찾거나 뱀장어를 잡으러 나섰다고 전해진다.

또 취사병 중에는 일본식 요리에도 능숙한 사람이 적지 않았다고 한다. 현지에서 입수할 수 있었던 채소는 한정되어 있었겠지만, 그럼에도 본국의 가족 대부분이 수용소 생활을 해야 했던 상황에서 일본계 미국인의 자존심을 걸고 싸운 이들에게 즉석에서 고향을 그리워하게 하는 치킨 헤카가 얼마나 근사한 진수성찬이었는지는 짐작하기 어렵지 않다.

Table 12
영국 해군 장병의 '좋은 전우'
피시 앤드 칩스
Fish and Chips

「스캐퍼플로(Scapa Flow)에는 물고기가 가득했다. 특히 폴락(Pollock, 대서양 명태)이 많았다. 나는 상륙하지 않을 때에는 선수루(Forecastle) 갑판에서 송어 낚싯대를 들고 낚시를 하곤 했다….」 V. E. Tarrant가 상세한 취재를 바탕으로 저술한 『Battleship Warspite』에는 승무원으로 근무한 사관 후보생의 회상 중 하나로 이런 내용이 담겨 있다. 1915년부터 1916년 사이의 이야기다. 그리고 어느 날 함장의 지시에 따라 둥근 그물을 만들어 대량의 폴락을 잡았는데, '그것은 1,000명 이상이나 되는 승무원 모두가 생선 요리를 먹기 충분할 정도의 양이었다'라고 했다. 폴락은 대구과 어류의 일종으로, 영국인들에게 있어 대구과의 흰살 생선 요리라고 하면 누가 뭐래도 '피시 앤드 칩스'다. 큼직한 생선 토막에 튀김옷을 입혀 라드나 기름에 튀긴 뒤 튀긴 감자를 곁들여 먹는데, 영국의 국민 생선 요리로 유명하며 1860년경 런던 및 맨체스터 근교의 식당에서 탄생한 것으로 알려져 있다. 다만 프라이드 피시는 17세기에 유대계 이민을 통해 전해졌으며 감자튀김도 벨기에로부터 전파되었다고 여겨지기 때문에, 단품 요리로서는 당시에도 딱히 새롭다고는 할 수 없었다. 하지만 산업혁명기 이후 여성 노동력의 필요성, 즉 식사의 테이크아웃이나 외식의 확대 그리고 철도망의 정비 및 증기선을 활용한 트롤어법의 발전으로 연안 어항에서 내륙 공업도시까지 북해산

▲1943년 7월 3일, 시칠리아 근해에서 R급 구축함 라이더에 급유와 인원 이동을 실시하는 전함 워스파이트. 연료 탑재량이 많은 전함이나 항공모함은, 상황에 따라 해상에서 구축함 등의 소형 함정에 연료 등의 물자를 보급하는 임무를 수행하곤 했다.

▲제2차 대전기 영국 해군 유조선의 주방. 배수구는 사진 우측의 외현 쪽에 배치되어 있다. 피시 앤드 칩스는 1, 2차 대전을 통해 영국 해군 장병들이 즐겨 찾던 생선 요리 중 하나였다. 하지만 바다가 거칠어지면, 기름 솥을 사용하지 않는 요리, 이를테면 소시지나 양고기를 넣은 스튜처럼 큰 냄비 하나에 끓여 배식하기 용이한 요리를 많이 만들었다고 한다.

r e c i p e

피시 앤드 칩스

●재료(10인분)
대구나 서대, 가자미 등 흰살 생선 토막   1인분 약 200g
감자   약 2kg

〈생선 튀김옷〉
밀가루   3컵
계란   2개분
 ※계란 노른자와 흰자는 따로 분리한다
맥주   6큰술
소금   1큰술
물   10큰술

●만드는 법
①튀김옷을 만든다. 그릇에 밀가루를 넣고 노른자, 맥주, 소금을 넣고 잘 섞는다.
②①에 거품을 낸 계란 흰자를 대충 섞는다.
③감자는 껍질을 벗기고 가로와 세로가 1.5cm인 길쭉한 모양으로 썰어 약 190도의 기름으로 바삭해질 때까지 튀긴 다음 기름을 털어낸다. 식지 않도록 데운 오븐 등에 넣어두면 좋다.
④생선을 물로 씻은 다음, 물기를 제거한 생선 토막에 ②의 튀김옷을 입히고 180~190도의 기름에 5~6분 동안 노릇노릇해질 때까지 튀긴다.
⑤튀긴 생선과 감자를 접시에 담고 소금을 뿌리고 취향에 따라 맥아 식초(없으면 와인 식초나 사과 식초, 쌀 식초 또는 레몬즙도 가능)를 뿌린다.

토막 지식

피시 앤드 칩스는 대구나 가자미 등의 흰살 생선에 물과 에일(맥주의 일종), 밀가루로 반죽한 튀김옷을 입혀 튀기는 경우도 많다. 에일을 사용하면 쓴맛이 희미하게 나면서 바삭바삭하게 튀길 수 있다. 영국식 영어에서 칩스는 감자튀김이라는 뜻이며 우리가 흔히 먹는 얇은 감자칩은 크리스프스(crisps)라고 한다.

선어가 대량으로 공급할 수 있게 되었다는 것에 힘입어, 피시 앤드 칩스는 테이크아웃을 할 수 있는 전문점이 증가함에 따라(1910년에 25,000개, 1920년에는 35,000개 매장) 전국적으로 특히 노동자 계급의 일상식으로 널리 보급되었다.

일상 요리인 피시 앤드 칩스용 생선을 모처럼 잔뜩 잡아올린 전함 워스파이트의 승무원들은 생선을 튀겨 먹을 생각에 신이 났을 것이다.

덧붙여서, 제2차 세계 대전 중 피시 앤드 칩스의 수요를 지탱해왔던 트롤 어업계의 발전으로 항해 경험이 풍부한 다수의 어업 종사자가 해군에 입대했는데, 식량 배급제를 실시하면서 윈스턴 처칠 당시 수상은 공급이 용이한 생선과 감자를 두고 영국 국민에게 있어 불가분의 '좋은 전우'라고 말하며 이를 식량 배급 통제 대상으로 넣지 않았다. 또 노르망디 상륙작전 때 일부 영국군 부대는 그들만의 암구어로 '피시'와 '칩스'를 사용했다고도 알려졌다.

Table 13
베를린 총통 지하 벙커에서 열린 '만찬'
카슬러와 자우어크라우트
Kasseler mit Sauerkraut

    1945년 4월 25일(26일이라는 설도 있음), 유명한 여성 비행가 한나 라이치(Hanna Reitsch)가 모는 피젤러 슈토르히 연락기에 탄 로베르트 리터 폰 그라임(Robert Ritter von Greim) 공군 대장이 소련군에 포위된 베를린에 도착했다. 히틀러가 그라임 장군을 초대한 것은 바로 며칠 전에 해임한 괴링을 대신할 공군 총사령관으로 그를 임명하고 원수로 승진시키기 위해서였다. 비행 도중 그라임은 다리에 총탄을 맞는 부상을 입었지만 공군 총사령관 직책을 수행하고자 베를린을 탈출하는 28일까지 라이체와 함께 총통 지하 벙커에 머물렀다.

    이 기간 중 두 사람을 환영하는 만찬이 열렸는데, 그 모습은 히틀러 최후의 날을 다룬 영화 『다운폴』에서도 볼 수 있다. 이 영화는 역사학자인 요아힘 페스트(Joachim Fest)가 쓴 동명의 저서와 트라우들 융에(Traudl Junge)가 쓴 『히틀러, 여비서와 함께한 마지막 3년』이 원작이며, 제작 당시 생존해 있던 트라우들 융에의 증언이 곳곳에 살아난 다큐멘터리 터치의 수작이다.

    이 만찬에서 채식주의자로 알려진 히틀러의 메뉴는 시금치 요리였던 반면, 그라임이나 라이치, 동석한 에바 브라운 등에게 제공된 메뉴는 '카슬러'라는 요리로, 자우어크라우트(소금에 절인 양배추)를 듬뿍 곁들인, 장식이라곤 일절 없는 '꾸밈없는 강건함'이라고도 말할 수 있는 전형적인 독

1947년에 촬영된 총통 관저의 안뜰. 이곳 땅 밑에 총통 지하 벙커가 있었다. 중앙의 원뿔지붕 건물은 감시초소 겸 제2 긴급 통용구. 그 왼쪽 출입문이 있는 구축물이 제1 긴급 통용구이다. 나름대로 견고하게 지은 방어 구조물이었지만, 설마 베를린에서 본격적인 시가전이 벌어지리라고는 생각지 못했던 시절의 설계였기에 그 방어 능력에는 한계가 있었다.

recipe

카슬러와 자우어크라우트

● 재료(2~3인분)
카슬러(덩어리) 약 500g
자우어크라우트 적당량
물 또는 콘소메 스프 약 300cc

● 만드는 법
① 카슬러 덩어리를 두툼하게 자른다.
② 팬에 카슬러와 자우어크라우트를 넣고 물 혹은 콘소메 스프를 넣어 데운다.
③ 적당히 따뜻해지면 담아낸다.

토막지식

카슬러의 조리법은 부위와 지역, 가정에 따라 다양하다. 가장 간단한 것은 덩어리인 채로 끓인 후 썰어내거나, 두껍게 썬 것을 구워, 자우어크라우트를 곁들이는 조리법일 것이다. '카슬러 리펜슈페어(Kasseler Rippenspeer 훈제 돼지갈비 구이)'는 베를린의 향토 음식으로도 유명하다.

일식 일품 요리였다.

카슬러는 돼지고기를 소금에 절인 뒤 훈연한 독일의 대표 훈제 햄이다. 하지만 일본인을 비롯한 동아시아인의 눈에는 햄이라기보다 '소금에 절인 훈제 돼지고기'라고 부르는 편이 훨씬 쉽게 이해할 수 있을 것이다. 독일 전역에서 사랑받는 이 요리의 이름은 베를린의 포츠담 거리에 있던 '카셀(Cassel)'이라는 이름의 정육점에서 1900년경에 이 방식으로 조리한 것에서 유래했다고 한다. 돼지 목살이나 등심 외에 어깨, 뒷다리, 갈빗살 등의 부위가 사용되며, 그것을 자우어크라우트와 함께 찌거나 삶거나 아니면 구워서 먹는다.

덧붙여 말하면 어느 조리법을 막론하고 기본 곁들임은 자우어크라우트나 감자라는 것이 암묵적인 룰이라고 한다.

5월 2일에 베를린이 함락되기까지 며칠 동안 시가지는 파괴되었고 시민들은 궁핍하기 그지없었다. 총통 지하 벙커의 식량 창고도 와인 저장고도 모두 바닥이 났을 것이다. 그런 가운데 히틀러와의 만찬은 끝까지 그에게 충성을 맹세한 그라임에게 어떤 것이었을까.

참고로 약 한 달 후에 포로가 된 그라임이 옥중에서 자살에 사용한 독약은 이때 히틀러가 준 것이었다고 한다.

Table 14
갈리폴리의 참호에서 만들어진 '성찬'
팬케이크
Pancake

「병사들은 참호를 정비하거나 군복에 붙은 이를 잡거나 자신이 먹을 식사를 만들거나(밀가루를 물로 반죽한 팬케이크가 삽시간에 모든 전역으로 퍼졌다)….」(Alan McRae Moorehead 저, 『Gallipoli』에서 발췌)

상세한 취재로 제1차 세계 대전이 한창인 1915년 4월부터 이듬해 1월까지 치러진 갈리폴리 전투를 다룬 이 작품은 가혹한 전장에 투입된 장병들의 일상이 잘 드러나 있다.

작전 중 해상 운송에 의지한 각종 물자는 부족하기 일쑤였다. 헬리스 곶(Cape Helles)에 상륙한 영국군, 프랑스군과 안쟄 지구에 상륙한 ANZAC군(오스트레일리아&뉴질랜드 군단)에서도, 전선 사령부 소속 장교의 식사조차도, 기름 범벅인 염장 쇠고기(콘비프) 통조림과 치아가 상한 자가 나올 정도로 단단한 비스킷에 서양자두나 사과 잼이라도 있으면 그나마 고급일 정도로 야채나 계란, 우유, 과일 따위는 거의 없었다. 한편 병사들은 발췌한 묘사에서 볼 수 있듯 통조림 음식 외에 종종 팬케이크를 구워 먹었다고 한다.

팬케이크는 밀가루와 물, 그리고 반죽을 구울 석판 또는 철판에 불만 올리면 쉽게 만들 수 있기에, 그 역사는 유사 이전으로 거슬러 올라간다. 석기시대에는 식물의 가루를 물로 반죽해 구웠다고 하며, 고대 그리스인들은 꿀이 들어간 각기 다른 모습의 팬케이크를 좋아했다고 전해진다. 정

횡혈식 엄폐호 앞에서 식사 중이던 호주군 군수부대의 병사. 특유의 슬라우치 햇(Slouch Hat)을 쓰고 있다. 참호 입구 왼쪽에는 당시 전장에서 음용수를 비롯한 액체의 운송에 활용된 우유통이 보인다. 1915년 6월 갈리폴리 전투 당시 이곳에 상륙해 포진한 영연방군은 물과 식량 보급에 애를 먹었다. 전황도 결코 좋지 않아 끝내 철수할 수밖에 없었고, 작전 또한 실패였다고 평가받았다.

recipe

팬케이크

- ●재료
  - 박력분 150g
  - 계란 2개
  - 우유 300cc
  - 버터 적당량

- ●만드는 법
  1. 계란과 우유를 잘 섞는다.
  2. 그릇에 박력분을 넣고 그 안에 ①을 뭉치지 않게 조금씩 넣는다.
  3. 프라이팬을 중불에 올리고 버터를 넣는다.
  4. ②의 반죽을 적당량 부어 얇게 펴준다.
  5. 뒷면이 구워지면 뒤집어 양면을 굽는다.

토막지식

영국식 팬케이크의 기본은 본문에서 기술한 것처럼 밀가루 계란 우유를 반죽해 얇게 펴 굽는 것이지만 같은 영국이라도 스코틀랜드에서는 설탕 외에 베이킹 파우더를 넣어 두툼한 빵처럼 굽는 지역도 있었는데, 이것은 미국식 핫케이크에 가깝다. 덧붙여서, 제1차 세계대전 당시, 영국 내의 밀가루는 수요의 약 80%를 해외에 의존하고 있던 것도 있어, 군에서의 배급도 한정되어 있었다.

확한 기원은 불분명하나 세계 각지에서 비슷한 것을 먹었다는 점은 팬케이크의 역사가 오래되었음을 말해 주며, 중세 유럽에서도 널리 만들어 먹던 음식이었다.

참고로 일반적인 영국식 팬케이크에서 빼놓을 수 없는 것이 밀가루와 계란, 우유로, 이것들을 섞어 프라이팬에 얇게 구운 다음 레몬즙이나 시럽 등을 뿌려 달콤한 디저트로, 혹은 고기나 야채 등을 말아 메인 요리로 먹는다.

또한 기독교권에서는 예로부터 '참회의 화요일(Shrove Tuesday)'에 잔치를 열어 팬케이크를 만드는 습관이 일부 지역에 있었다. 다음 날부터 시작되는 '사순절'에는 계란이나 우유, 버터 등을 먹는 것이 금지되었기 때문에 단식을 앞두고 재료를 다 써서 팬케이크와 함께 진수성찬을 먹는 것이다. 그래서 이날은 팬케이크 데이로도 불린다.

그런데 갈리폴리의 전선의 장병이 입수할 수 있는 밀가루의 양은 한정되어 있는 데다 식수는 더욱 귀해서, 우물이 없는 헬리스 곶 해안 교두보에서는 나일강의 물을 해상으로 운반한 다음 펌프로 해안까지 보내고 다시 노새에 실어 전선으로 날라야 했다. 그리고 안잭 지구에서는 바닷물을 증류해 사용했다고 한다.

그런 상황에서 만든 밀가루와 물뿐인 팬케이크는 참호에 갇힌 병사들에게 있어 성찬 중의 성찬이었을 것이다.

Table 15 모국 러시아의 맛
시
Щи

　제2차 세계 대전 중 소련의 식량 사정은 시민은 물론 전선에서 싸우는 병사들도 매우 열악했다. 1941년 기준으로 전선의 병사에게 보급된 1일분 식량은 빵이 약 1킬로그램, 고기 150그램, 건어물, 메밀, 라드 등을 기본으로 했지만, 이것은 대외 선전으로 알려진 것으로, 실제 배급된 것은 건조식량뿐이었던 데다, 때에 따라서는 그조차 며칠씩 지급이 되지 않던 일도 있었다고 한다. 또한 군 내부에서는 횡령도 끊이지 않았다. NKVD(내무인민위원회) 사찰단원들은 (병사들의) 식사가 필요한 수준을 충족한다고 보고하기 일쑤여서 전선의 병사들은 싱거운 국에 설탕이 들어가지 않은 홍차, 고기라곤 힘줄만 몇 조각 든 식사가 일상이었다고 한다. 하지만 최전선의 말단 병사들의 고충은 위에 제대로 전달되지 않았다.

　「병사들은 양배추 수프와 함께 분노도 삼켜야만 했다….」 Catherine Merridale의 저서 『Ivan's War: life and death in the Red Army, 1939-1945』에 나오는 구절이다.

　여기서 말하는 '양배추 수프'는 러시아어로 '시(Щи)'라고 하는 요리를 말한다. 러시아 요리에서 국물 요리는 그냥 국물만 나오는 가벼운 것이 아니라 건더기가 듬뿍 들어 있어 식사 중에서도 중요한 위치를 차지하는 존재로, 시는 러시아 요리의 대표로 잘 알려진 보르시와 함께 러시아의

눈으로 뒤덮인 전선의 필드 키친에서 따뜻한 식사를 배급받는 소련군 병사들. 이날 그릇에 담긴 것은 '시'였을까. 러시아군의 경우, 최전선에서는 병사들이 한데 모여 불을 피우고 각각 소지한 식량을 모아 스프나 스튜로 조리해 나눠 먹는 것이 일반적이었다.

토막지식

러시아 요리를 대표하는 보르시는 원래 우크라이나 요리다. 각종 육류, 채소를 사용하며, 지역과 가정에 따라 조리법과 맛에 차이가 있으나 조리할 때 빼놓을 수 없는 재료는 비트다. 쌉쌀한 맛이 나고 국물을 적보라색으로 만드는 비트는 러시아에서는 10~11세기경부터 알려진 국민적인 채소다.

recipe

시

●재료
〈소고기와 비프 스톡〉
소고기(가슴살 등의 살코기) 500g
물 3~4컵
양파 1개
당근 1개
부케가르니
  샐러리 잎 2~3줄기
  파슬리 5~6줄기
  월계수 잎 2~3장
소금

〈수프용〉
버터 약 40g
양배추 400g
양파 2개
샐러리 줄기 1개
파슬리 줄기 1개
감자 400g
소금 적당량
흑후추 적당량

●만드는 법
① 큰 냄비에서 소고기와 다른 재료를 약불로 1시간~1시간 반 동안 소고기가 뭉그러지지 않을 정도까지만 끓인다. 사골이 있다면 같이 끓여도 된다.
② 소고기를 꺼내 깍둑썰기한다.
③ ②의 국물은 몇 시간 더 끓인 후 야채 등을 걸러내 비프 스톡을 만든다.
④ 양배추는 굵게, 양파는 가늘게 채썰고, 샐러리와 파슬리 줄기는 껍질을 벗겨 채썰고 감자도 채를 썬다.
⑤ 큰 냄비에 버터를 녹이고 양파가 부드러워질 때까지 볶다가 양배추, 샐러리, 파슬리를 넣고 뚜껑을 덮어 약불에서 10~15분 정도 찐다.
⑥ ⑤에 소고기, 다진 소고기를 넣고 중불에서 15~20분 정도 끓인 뒤 감자를 넣고 20분 정도 끓여 소금, 후추로 간을 맞춘다.
※ 신맛을 더하려면 마무리할 때 토마토 2~3개를 썰어 넣으면 된다.

양대 수프로 꼽힌다. 시는 9세기 키예프 공국 때부터 만들어졌다고 하며, 중세 이후 러시아 농민들이 먹어온 전통적인 음식이다.

시의 주재료는 양배추이지만 고기, 버섯, 양파, 마늘 같은 향미 채소도 들어간다. 옛날에는 페치카(러시아식 벽난로)에 물과 고기를 넣은 냄비나 항아리를 놓고 차분히 부용을 만들고, 따로 익힌 양배추 등 채소를 넣어 마지막에 스메타나(사워 크림)를 넣어 마무리했다. 고기는 소, 돼지, 닭 등 무엇이든 좋으며 양배추는 여름철이면 생으로 쓰고 가을, 겨울에는 소금에 절여 발효한 양배추를 사용한다. 시대에 따라 그리고 집집마다 만드는 방법과 맛이 있지만 소금·후추로 심플하게 양념해 담백하게 만들기 때문에 매일 먹어도 질리지 않는 것이 특징이다. 친아버지에겐 조만간 질리지만 시에겐 절대 질리지 않는다는 속담이 생긴 것도 오래 전부터 흑빵과 커셔(죽)와 함께 식탁의 주역으로 자리잡은 음식 때문일 것이다.

조국 전쟁을 이겨낸 병사들, 그리고 총에 맞은 시민들에게 시는 생명의 양식인 동시에 모국 러시아의 맛이기도 했다.

Table 16
영국 선원들에게 바치는 요리
코니시 패스티
Cornish Pasty

　노르망디 상륙작전 당일인 1945년 6월 6일 오후 함포 사격 중이던 영국 전함 워스파이트의 함교에서 「(함장인) 켈시 대령이 코니시 파이를 한 입 먹고는 '이놈은 건강에 좋아요'라고 말한 뒤 배 밖으로 던졌다」라고 V. E. Tarrant의 저서 『Battleship Warspite』에는 적혀 있다. 이 파이가 바로 영국 남서부 콘월 지방에서 탄생한 파이인 코니시 패스티다.

　패스티는 당초 사슴고기와 양고기, 연어, 장어 등 생선류와 채소를 싸서 구운 파이 요리로, 13세기경 상류층 식탁에 등장했다고 한다. 서민들에게 널리 퍼진 것은 17~18세기에 콘월 지방 광부들의 점심으로 여겨진 것이 최초라고 한다. 광부는 한번 지하로 들어가면 쉽게 지상으로 돌아올 수 없다. 그래서 구운 지 오래 되어도 온기가 남아있도록 껍질을 두껍게 하고, 반죽을 닫은 가장자리는 더 두껍고 단단해지게 만들었다. 굴착 작업 중 독극물인 비소로 더러워진 손으로 이 가장자리를 잡고 먹은 후 더러워진 부분은 버렸는데, 그것을 갱내에 사는 정령 노커가 양식으로 삼아 광부들의 안전을 지켰다고 한다.

　이 요리에 관련된 전승은 많다. 콘월의 여성은 패스티에 무엇이든 채워 넣어 굽기 때문에 악마조차 패스티의 소재가 되지 않도록 데본주와의 경계에 흐르는 타마르강을 건너지는 않았다고 한다.

1944년 6월 6일 D-day 당일 노르망디 앞바다에서 사상 최대의 상륙 작전을 지원하며 함포사격 중인 워스파이트. 함미 쪽 3번 포탑이 가동되지 않는 것은 지중해에서 독일군의 활공유도폭탄 프리츠X를 피폭했을 때 손상된 것을 육지를 목표로 하는 함포 사격에 동원되느라 수리하지 않고 출동했기 때문이다. 코니시 패스티는 고기 등을 채우면 식사가, 잼이나 컴포트 등을 채우면 간식이 되고, 거기다 식어도 맛있게 먹을 수 있기 때문에 만들어 둘 만한 요리로서 편리했다.

토막지식

'코니시 패스티'라는 명칭은 현재 샴페인 등과 같이 EU의 산지 표시 보호 제도 PGI(Protected Geographical Indication)로 인정되고 있다. 잘게 썬 소고기, 감자, 스위트, 양파를 섞어 소금, 후추로 간을 한 건더기를 날 것 그대로 강력분과 버터, 소금, 찬물로 만든 반죽으로 싸서 오븐에 굽는 것이 전통적인 방법이다.

r e c i p e

코니시 패스티

●재료(2개 분량)
〈파이 생지〉
강력분 250g
라드 60g
버터 60g
※파이 생지는 시판 중인 것도 가능

〈필링〉
소고기 300g
양파 2개
감자 3개
소금 적당량
후추 적당량
계란 1~2개

●만드는 법
①강력분, 소금을 그릇에 담고 더 작게 자른 라드와 마가린을 넣고 라드와 마가린을 손가락으로 으깨면서 전체를 섞는다.
②물을 소량씩 넣고 전체를 한데 모아 반죽한다. 랩을 둘러 냉장고에서 20분 정도 재운다.
③필링(파이 충전재)을 만든다. 소고기를 1cm 정도 깍둑썰기로 적당히 다진다. 양파는 적당히 다지고, 감자는 껍질을 벗겨 1cm 정도로 깍둑썰기 한다. 자른 재료에 소금, 후추를 넣어 둔다.
④②의 생지를 냉장고에서 꺼내 2등분하여 두께 3mm, 직경 20cm로 크기를 키운다.
⑤생지의 반원부의 가장자리 1.5cm 정도를 남겨 두고 감자, 소고기, 양파를 올린다.
⑥생지 가장자리에 계란을 바르고 남은 생지 반쪽을 겹친다.
⑦생지의 가장자리 부분을 손가락으로 눌러 단단히 밀봉한다. 가장자리에 계란물을 발라 구부림으로써 가장자리 부분에 두께감을 준다.
⑧오븐은 190도로 예열한다. 생지 표면에 계란을 바른 뒤 공기가 빠져 나가게 하기 위한 작은 구멍을 포크 등으로 만들고 오븐에서 약 1시간 동안 굽는다.
⑨오븐에서 꺼내 식힌다.

또 왕후 귀족들이 먹은 패스티에는 어패류를 채웠는데, 콘월의 주산업인 어업 종사자들은 패스티에 생선을 채워 넣는 것은 불길하다고 생각해 선상에 생선을 채운 패스티를 들이면 거친 파도를 부르게 된다는 전설이 탄생했다. 물론 이는 광부 가족들이 자신들의 요리를 어부들이 따라하지 않게 하려고 유포한 이야기라고도 한다.

이윽고 코니시 패스티는 어부나 뱃사람들도 먹게 되었다. 어부들은 항구에 패스티를 두고 갔다가 귀항해서 먹었다고 하는데, 배 위에 반입된 패스티의 외피 일부는 해난사고 희생자의 영혼이 배고프지 않게 바다에 던져져 갈매기의 먹이가 되었다. 콘월을 비롯한 영국 웨스트컨트리 일대에서는 갈매기를 죽은 뱃사람의 영혼이 화한 것이라 믿는다고 한다.

워스파이트의 선원인 론 마틴 병장은 연합군 병사들의 시체가 배 옆으로 떠내려가는 것을 보는 게 가슴이 찢어지게 슬펐다고 회상했다. 함장 M. H. A. 켈시 대령이 던진 코니시 패스티는 노르망디 앞바다를 떠도는 갈매기들에게 분명 닿았을 것이다.

Table 17
스카파 플로 습격 직전의 U-47 저녁 식사
돼지갈비 훈제와 양배추
Rippenspeer

「16시다! 전투 준비. 17시에 저녁 식사. 훈제와 양배추다.」(L'eonce Peillard 저, 『Geschichte des U- Bootkrieges 1939 – 1945』에서 발췌) 스카파 플로 습격 직전의 1939년 10월 13일, 귄터 푸린 함장의 U-47에서는 간단하면서도 든든한 식사를 끝내고 심야에 작전을 개시하는 단계가 진행되었다. 당일 함내는 당직을 제외하고 16시까지 수면을 취하기로 되어 있었지만, 사쿠리야인은 15시에 일어나 식사 준비를 했다고 한다.

훈제 돼지고기는 소금에 절인 돼지고기를 훈제한 훈제 햄 카슬러를 말한다. 그리고 양배추는 자우어크라우트다. 카슬러에 자우어크라우트를 곁들이는 것은 독일의 단골 요리 중 하나인데, 그것이 작전 개시 직전의 마지막 따뜻한 요리로 마련되었다.

이 당시엔 분명 커슬러를 굽지 않고 자우어크라우트와 함께 끓였을 것이다. 왜냐하면 U보트의 협소한 주방 조리기구는 전기렌지에 작은 오븐, 조리냄비뿐이라 환기성이 나쁘기 때문에 공기가 오염되는 걸 피하려면 연기가 나선 안 되기 때문이다. 이 상황에서 약 50인분의 따뜻하고 든든한 요리를 만들려면 커슬러와 자우어크라우트 조림이 안성맞춤이다. 게다가 함내에서는 물이 귀하다. 큰 냄비에 원래 수분을 많이 머금은 자우어크라우트를 넣고 커슬러를 더해 물에 잠길 정도의 약간의 물을 더한다. 그렇게 한 시간을

U-47 함장 귄터 프린. 영국 해군의 본거지인 스카파 플로의 침입 작전을 성공시킨 후에는 스카파 플로의 황소라는 별명으로 불렸다. 그러나 1941년 5월, U-47은 수송 선단 공격 중에 프린도 포함한 모든 선원과 함께 실종되었다.

잡담으로 꽃을 피우며 감자 껍질을 벗긴다. 비번인 U보트 승무원들의 오락과 실익을 겸한 한때다. 등 뒤로는 어뢰발사관실로 통하는 원형 해치가 보인다. 감자는 극히 보존성이 뛰어나 식품의 보존 환경이 열악한 U보트에게는 최적의 '신선식품' 중 하나였다.

recipe

돼지갈비 훈제와 양배추

● 재료(2인분)
카슬러(돼지 등심 햄도 가능) 약 400g
사워크라우트 500g
버터 적당량
화이트와인 적당량
소금
후추

● 만드는 법
① 카슬러를 약 2cm 두께로 잘라 살짝 노릇노릇하게 구워 꺼낸다.
② ①의 냄비에 버터와 자워크라우트를 넣고 볶음으로 끓인다. 자워크라우트의 즙이 부족할 것 같으면 물이나 화이트 와인을 첨가한다.
③ ②에 ①의 카스라를 넣고 데워, 국물의 맛을 보고, 염분을 조정한다.
④ 카슬러와 더 워크라우트와 함께 담아 취향에 따라 후추를 흔든다.

끓이면 카슬러는 충분히 부드러워진다. 때로는 양파나 사과 등을 첨가하기도 하는데, 첨가할지 말지는 조리사 마음에 달린 일이다.

그런데 갈빗살이란 갈비뼈 주위에 붙은 고기인데 같은 갈빗살이라고 해도 부위에 따라 여러 종류로 나뉜다. 카슬러는 뼈 있는 등심육(카슬러 리브=카슬러 리펜)을 이용한 것이 많지만 U-47에서 나온 갈빗살이 과연 어느 부위였는지는 미루어 짐작할 수밖에 없다.

이날 조리 담당자는 적에게 탐지되는 것을 막기 위해 신발에 낡은 천을 두르고 발소리를 지운 채 배식했다고 한다. 그리고 저녁 식사 후에는 심야의 스카파 플로 침입 때까지 샌드위치와 초콜릿 등 전투식이 배부되었다. 후에 그 훈공을 칭찬받기는 하나, 결사 작전을 몇 시간 앞두고 대접 받은 따뜻한 독일 정통 가정식을 U보트 승무원들은 어떤 생각으로 맛보았을까.

토막지식

자우어크라우트는 소금에 절여 발효시킨 양배추. 독일에서는 그대로 고기요리의 곁들임으로 먹거나, 카슬러나 베이컨, 소시지 등의 가공식 고기와 함께 끓이는 일이 많다. 조림의 경우 가공 식육이나 자우어크라우트의 짠맛을 살리고 허브나 향신료를 이용해 간을 맞춘다.

Table 18

미군 장병에게 친숙한 망향의 디저트
도넛
Doughnut

　미국 제8 항공군의 일상을 포착한 수많은 사진 중 한 장. 거기에는 폭격행에서 생환한 제351 폭격항공군 승무원들이 뜨거운 커피를 한 손에 들고 디브리핑으로 전과확인관에게 보고하고자 기다리는 모습이 담겼다.

　육해군 항공대에서 귀환자들에게 제공되는 달콤한 도넛은 자주 있는 일로, 장시간의 비행으로 소모된 에너지를 손쉽게 보충할 수 있을 뿐만 아니라 조국을 멀리 떠난 장병들에게 있어서 도넛은 망향의 맛이기도 했다.

　미국 도넛의 역사는 청교도들이 미국으로 건너간 1620년으로 거슬러 올라간다. 이들이 한때 망명지인 네덜란드에서 알게 된 튀긴 과자 oliekoek(=오일리 케이크)를 들여왔다는 게 정설이다. 이것을 밀가루, 설탕, 계란으로 만든 생지(dough)에 호두를 섞어 만든다는 점에서 훗날 나무열매(nut)를 넣었다는, 혹은 겉모양이 나무열매처럼 생겼다는 의미로 doughnut이라고 부르게 되었다. 1809년 워싱턴 어빙의 작품에도 'doughnut'이라는 말이 등장했지만 사실 당시엔 아직 도넛의 모양이 공 모양이었다.

　그리고 청교도 말고도 독일계 이민 역시 도넛의 원형이 되었다. 잼을 넣은 편평형 잼 도넛은 독일 베를리너가 기원이다.

　링 모양 도넛의 탄생은 1847년 선장 핸슨 크로켓 그레고리가 가운데가 불에 타지 않도록, 그리고 조타할 때 핸들에

무사히 귀환한 제8 항공군 폭격기 승무원들에게 도넛과 커피를 나눠주는 적십자 여성 자원봉사자(왼쪽 끝). 이들은 도너츠 돌리(Doughnut Dollies)라는 애칭으로 장병들의 사랑을 받았다. 식용유지와 당분이 듬뿍 사용되어 칼로리가 높고, 더욱이 식어도 맛있는 도넛은 항공기 탑승원뿐만 아니라 함정 승조원들의 간식으로도 쓰이고 휴식 중인 육군 장병들도 사랑한 '미군이 좋아하는 것'이었다.

recipe

도넛

● 재료(12개)
- 박력분   250g
- 강력분   적당량
- 계란   1개
- 설탕   80g
- 우유   1/4컵
- 무염 버터 30g
- 베이킹 파우더 2작은술
- 식용유   500ml

● 만드는 법
① 버터를 중탕하여 녹여서 버터로 만들어 둔다.
② 그릇에 계란과 설탕을 넣고 거품기로 섞는다.
③ ②의 그릇에 우유, 녹인 버터를 넣고 더 잘 섞는다.
④ 박력분, 베이킹파우더도 더해 가루가 없어질 때까지 주걱으로 섞는다.
⑤ 잘 섞이면 랩에 싸서 냉장고에서 30분 정도 재운다.
⑥ 강력분을 두른 받침대에 ⑤의 생지를 얹어 밀대로 두께 1cm 정도로 늘린 후 원형으로 모양을 잡는다. 직경 5~7cm의 링 모양으로 중앙부의 생지를 뚫는다.
⑦ 170도로 달군 기름으로 양면이 노릇노릇해질 때까지 튀긴다.

토막지식

1938년 6월 7일 젊은 군의관 모건 피트가 부상병에게 도넛을 전달했다. 이에 감격한 새뮤얼 기어리 중장은 모금활동을 하며 응원했다. 이 활동은 제1차 세계대전 이래의 구세군의 자원봉사활동과 결합되어, 이후 6월 첫째 주 금요일은 「도넛의 날」로 여겨져 모금활동이나 도넛 등의 무료 배포 따위가 행해지고 있다.

걸어둘 수 있도록 구멍을 뚫는 것을 생각해 낸 데에서 비롯되었다는 게 1941년 뉴욕에서 일어난 논쟁 당시 도넛 심의회가 인정한 견해이나, 그 밖에도 여러 가지 설이 있다.

제1차 세계 대전 중인 1917년 이후, 구세군의 여성 자원봉사자가 프랑스에서 싸우던 미군 장병에게 도넛과 커피를 나눠 주던 게 계기가 되어 국민적 디저트로서의 지위를 확립했다. 장병들의 사기를 크게 높인 이 행위는 제2차 세계대전 때는 적십자에 의해 행해졌다.

도넛은 군의 휴대 식량으로도 등장해 간식과 아침 메뉴로 채택되고 있다. 구세군의 도넛은 진저 도넛이었다고 전해지지만, 제2차 대전 중의 군의 레시피는 향신료에 육두구나 메스(육두구의 외피)를 넣는 것이 기본으로, 그것을 베이스로 시나몬이나 건포도를 넣은 것, 견과류를 넣은 것, 레몬 향이 들어간 것 등, 맛과 형태 그리고 토핑에 다양한 패턴이 있었다.

덧붙여서 왼쪽 페이지의 사진은 왼쪽부터 잼 도넛, 플레인(레몬 향), 코코넛, 시나몬 슈가다.

Table 19

선텍스가 좋아하는 지중해의 명품
소브라사다
Sobrassada

「생텍쥐페리가 특별히 좋아하는 술안주는 카빌리아인 바텐더가 내는 오드브르였다. 바로 선텍스의 카나페(오픈샌드)다!」(jacques pradel/luc vanrell 저, 『Saint-Exupéry, l'ultime secret: Enquête sur une disparition』에서 발췌)

싸우는 조종사이자 『어린 왕자』의 저자인 앙투안 드 생텍쥐페리는 작가로서뿐만 아니라 조종사로서도 널리 이름이 알려진 인물이다. 1921년에 프랑스군에 입대해 파일럿이 된 이후 그는 민간 항공 회사 등에 적을 두었으나 1943년 6월, 이전에 소속하고 있던 정찰 부대인 자유 프랑스 공군 II-33 중대에 복귀해 튀니지로 간다. 그러나 엄청난 유명인이라는 점과 마흔이 넘은 나이 때문에 자유 프랑스 공군을 통괄하는 미국 육군 항공군 사령부로부터 본인의 의사와는 상관없이 예비역이 되어 버렸다.

그런 그가 다시 싸우는 조종사가 되고자 군 조종사로 복귀할 수 있게 해달라 호소하며 프랑스령 알제리에서 지냈는데, 그곳 술집에서 특히 선호했던 술안주가 생텍스(생텍쥐페리의 애칭)의 카나페였다고 한다. 「메노르카 섬 마온의 소브라사다와 튀니지 북동부 본곳의 알리사를 반죽해 아니제트 향으로 비계를 찧어 냉장고에서 하룻밤 재우고 그것을 바삭바삭한 토스트에 골고루 발라 덥석…」

메노르카 섬은 스페인 이베리아 반도 동쪽 지중해에 떠

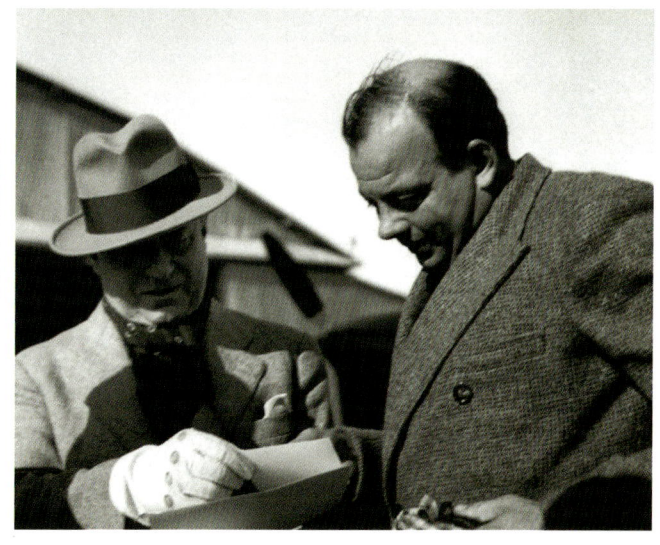

프랑스령 튀니지 통감 마르셀 페일턴(왼쪽)과 대화하는 생텍쥐페리(오른쪽). 1935년, 튀니지의 수도 튀니스에서. 생텍스라는 애칭으로 알려진 생텍쥐페리의 저작물은 어린 왕자가 가장 유명한데, 데뷔작은 남방우편기이며 야간비행, 싸우는 조종사, 아라스로의 비행 같은 하늘을 소재로 하는 작품을 다수 집필했다. 덧붙여 마르셀 페일턴은 훗날 프랑스령 알제리 총독에 취임했다.

recipe

소브라사다

소브라사다는 인터넷 구매가 가능하다.(※ 일본 기준)
상온에서 부드러워지므로 껍질을 벗겨 그대로 프랑스 빵이나 크래커에 발라 먹는 것을 추천한다. 취향대로 가볍게 토스트하면 지방이 녹아 맛이 달라진다.

토막지식

소브라사다의 원형은 14세기 무렵부터 존재했지만 매운 파프리카를 첨가한 것은 콜럼버스가 고추를 스페인에 들여온 이후다. 또 알리사는 튀니지 등의 북아프리카 쪽 향신료로, 고추, 마늘, 고수, 쿠민, 올리브 오일 등을 반죽한 것이다. 아니제트는 주로 아니스로 향미를 입힌 리큐어를 말한다.

있는 발레아레스 제도의 한 섬이다. 이 제도는 스페인 본토의 카탈루냐 지방과 함께 카탈루냐 문화권에 속해 기후와 풍토 등에 입각한 섬들 각각의 음식문화를 키워 왔다.

특히 돼지 사육이 성행하는 마요르카나 메노르카 섬에서는 가공품인 '소브라사다'가 '지중해의 소시지'로 불리며 명물이 됐다. 소브라사다는 이른바 돼지고기 장조림이다. 돼지 살코기, 삼겹살 등에 소금, 후추, 파프리카, 마늘, 기타 향신료를 첨가해 반죽하여 돼지 내장에 넣고 몇 주간 매달아 건조시켜 숙성시킨다. 완성된 것은 페이스트 상태로, 날 것 그대로 빵에 곁들여 먹는 경우가 많다.

소브라사다는 이윽고 인근 여러 지역으로 전파되는데, 프랑스령 알제리에서는 소브레사다로 불리며 프랑스인 등의 유럽계 식민지 이주민들인 피에 누아르에게도 친숙해졌다고 한다.

1944년 5월, 생텍쥐페리는 연합군 최고 사령관인 아이젠하워의 승인 서명을 받아 비행 임무에 복귀한다. 그러나 7월 31일이 그의 마지막 비행이었다.

Table 20

제77전투항공단 헤르츠 아스의 시칠리아 후퇴 전야 만찬

기름에 절인 다랑어와 정어리

Tonno e sardina

시작은 검고 독한 마르살라 와인이었다. 「'한 잔 하실래요?'라는 권유를 받은 슈타인호프 소령은 병에 입을 대고 마셨다. 그런 사소한 행동이 모두의 긴장을 풀어주었다. '저녁식사를 위한 식전주다'········ 오늘 밤은 이 호텔의 마지막 만찬이 될 것 같다······ 이날 축하 만찬을 여기서 여는 것은 어떨까?」(Johannes Steinhoff 저, 『Die Straße von Messina: Tagebuch des Kommodore』에서 발췌)

1943년 5월에 북아프리카에서 후퇴한 후, 시칠리아섬 방위를 맡고 있던 독일 공군 제77전투항공단 헤르츠 아스(하트의 에이스라는 뜻)의 슈타인호프 사령 이하 사관들은 시칠리아 섬 철수 명령을 기다리며 7월 12일 그들의 특별한 호텔, 즉 지휘소 식당에서 만찬을 열었다.

슈타인호프의 수년지기이자 사관생도인 리버 상병이 준비한 요리는 스크램블 에그와 통조림 고기다. 그 통조림에는 동맹을 맺고 있는 이탈리아군의 군용을 나타내는 약호 AM(Administrazione Militare)이 타각되어 있었는데, 이는 Alter Mann(노인이라는 뜻)으로도 통하다 보니 독일병들 사이에선 '노인'이라고 불리는 친숙한 것이었다.

또 다랑어와 정어리, 안초비, 간 소시지, 통조림 햄, 이탈리안 소시지, 토마토 등도 준비됐다. 슈타인호프의 일지에는 상세한 요리명까지는 기록되어 있지 않지만, 다랑어나 정어리도 시칠리아섬의 명산물이다. 항공단의 지휘소가

요하네스 "맥키" 슈타인호프는 178기를 격추한 독일 공군 전투기 에이스 중 한 명이다. 1943년 4월~1944년 12월까지 제77전투항공단의 사령관을 맡았다. 이후 전투기대 총감 갈랜드를 부당하게 취급했다며 괴링 공군 총사령관에 대해 집단으로 항의하는, 이른바 항공단 사령의 반란에 참여하는 바람에 일시 실직했다. 하지만 갈랜드가 에이스를 모아 편성한 제트 전투기 Me262 슈바르베를 집중 운용하는 제44전투단에 스카우트되어 활약. 그러나 사고로 큰 화상을 입었고, 그때의 흉터는 평생 남았다. 전후에는 서독 공군의 창설에 깊이 관여해 입대. NATO 제국 군사 대표 의장도 맡고 있다.

recipe

기름에 절인 다랑어와 정어리

● 재료
다랑어(살코기) 1조각
소금 1작은술
마늘 2쪽
통후추 10~20알
올리브유 200ml

● 만드는 법
① 다랑어 표면에 소금을 뿌려 30분 정도 둔다. 표면에 수분이 배어 나오면 키친 타올로 닦아낸다.
② ①의 다랑어와 다진 마늘, 통후추를 작은 냄비에 넣고 그 위에 올리브 오일을 다랑어 전체를 덮을 정도까지 붓는다.
③ ②를 약불에서 20~30분 정도 끓인다.
④ ③이 식으면 오일째 병이나 밀폐용기에 담아 냉장고에 보관한다.
⑤ 먹을 때는 케이퍼나 딜 등의 허브를 곁들인다.

토막지식

마르살라 와인은 1773년 영국인 무역상 존 우드하우스가 악천후 하에 피난한 시칠리아 서쪽 끝 항구도시 마르살라에서 마신 현재 와인에 장기 보존용 알코올을 첨가한 것이 기원이다. 후에 빈첸초 플로리오에 의해 세계에 알려졌다. 스페인 셰리, 포르투갈 포트, 마데이라와 함께 4대 주정강화 와인 중 하나. 일반 와인의 알코올 도수가 10~14도인 반면 마르살라 와인은 15~20도다.

있던 트라파니의 서쪽 앞바다에 있는 파비냐나 섬 주변에서는 기원전부터 다랑어잡이가 행해졌다고 하며, 트라파니 또한 다랑어잡이의 거점이었다. 다랑어 그릴이나 소테가 이 지역의 향토 음식이며, 다랑어 통조림(오일 절임)이 처음 만들어진 것도 이 지역이다. 또한 다양한 정어리 요리도 알려져 있다.

하지만 이 날의 요리는 품이 들지 않는 것이 특징이었다고 한다. 리버가 주문을 받은 지 한 시간여 만에 시작된 만찬에서는 기름에 절인 다랑어와 정어리가 나왔으리라 짐작할 수 있다. 물론 술은 푸짐했다.

만찬 자리에는 슈타인호프 이하 부관인 바흐만 중위와 군의관 등 장교 8명에 포로 캐나다인 대위와 영국 중사 등 2명도 참석했다. 연일 출격으로 기진맥진한 사관들은 말수는 적었지만 후퇴 명령이 시기를 놓치지 않고 떨어지기를 바라며 연회를 즐겼다. 또한 대망의 철수 명령을 받은 건 이튿날인 13일이었다.

Table 21

팔레즈의 전장에서 특수 전차에 탑승한
윌슨 대위가 먹은 야전 즉흥식

화이트 소스를 곁들인 토끼고기
Rabbit in white sauce

 1944년 8월, 노르망디전의 승패를 결정한 팔레즈 포위전에 참가한 영국 왕립 전차 군단 제141연대 '더 버프스'의 앤드류 윌슨 대위는 길가에 애마 처칠 크로커다일 화염 방사전차를 세우고 다음 명령을 기다리고 있었다. 옆에 선 부조종사가 휴대용 연료 난로로 점심 만들기에 여념이 없다. 윌슨이 물었다. "오늘은 뭐지?" 부조종사는 히죽히죽 수수께끼 같은 미소를 지으며 잠시만 기다리십시오'라고만 했다. 이윽고 그는 주머니에서 꺼낸 소독솜으로 메스키트를 닦고, 농후한 화이트 소스를 뿌린 작은 고깃덩어리에 입혔다. "어때요?" 숟가락으로 떠먹은 그 고기는 아주 맛있었다. 그것은 독일제 통조림 토끼고기였다. 『FLAME THROWER』(Andrew Wilson 저, 1956)의 구절이다. 이 책은 저자 윌슨이 1943년부터 1945년까지 전장에서 겪은 일을 제삼자의 시점으로 정리한 전기다.

 팔레즈 포위전 당시, 전쟁터가 된 마을들은 파괴된 채 곳곳이 독일군 장병과 군마, 가축 사체로 뒤덮여 있었다. 윌슨을 비롯한 장병들이 화염방사를 통해 이를 수습했는데, 영국군 장병들은 그 전장에서 다양한 물건을 가져갔다고 한다. 앞의 토끼고기 통조림도 그중 하나다.

 유럽 각지에서는 예로부터 사냥으로 잡은 산토끼와 양식의 토끼가 스튜와 소테, 로스트 같은 요리로 식탁에 오르고 있다. 영국에서도 흔히 볼 수 있는 유명 동화책인 피터

독일병에게 있어 공포의 대상인 처칠 크로커다일. 제2차 대전 중 가장 성공한 화염방사전차로 알려졌으며, 파레즈 전투에서는 잔당 소탕뿐 아니라 시신도 포함한 잔해 소각에도 이용됐다. 화염 연료는 견인 중인 장갑탱크차에 채워져 있어 탱크가 비면 장갑탱크차를 떼어내 통상적인 전차형 처칠로 활동할 수 있었으나, 차체총만은 화염방사기로 남아 있었다.

화이트 소스를 곁들인 토끼고기

recipe

● 재료
토끼고기 600g
양파 2개
버터 15g
밀가루 2큰술
우유 200ml
콘소메 약 10g
소금 적당량
후추 적당량

● 만드는 법
① 토끼고기는 큼직한 한입 크기로 잘라 살짝 소금을 흔든다.
② 양파는 잘게 자른다.
③ 팬에 버터를 녹이고 토끼고기와 양파를 넣고 볶는다.
④ 고기 색깔이 바뀌면 밀가루를 넣고 전체로 골고루 보내준다.
⑤ ④에 우유를 조금씩 뭉치지 않도록 첨가한다.
⑥ 콘소메, 소금, 후추를 넣어 간을 맞춘다.

토막지식

번식주기가 짧은 토끼는 특히 전시 하에서는 각국에서 일반 시민에 의한 사육이 장려되어 왔다. 이런 일본에서도 토끼는 고대부터 적지 않게 먹어 왔지만, 청일, 러일전쟁 이후 제1차, 제2차 세계 대전 때에는 고기를 식용으로서 야마토니 등의 통조림으로, 모피는 방한용으로 사용하는 등, '군수물자'로서의 양식으로 강조되었다.

래빗에 묘사된, 아버지 토끼가 농장주 맥그리거 여사의 손에 잡혀 조리된 토끼 파이 꾸러미 따위가 바로 영국의 전통음식 중 하나다.

영국에서는 산토끼가 예로부터 사냥의 대상으로 여겨져 왔지만, 중세에는 토끼가 장원 영주의 귀중한 재산의 하나로 꼽히게 되어 빅토리아 에드워드 왕조 시대(19세기 전반부터 20세기 초)에는 가축으로서 상거래가 성행했다. 또 제2차 세계 대전 시기에 이뤄진 식육 배급 통제에서 토끼는 그 대상에서 제외되었는데, 결과적으로 시민들에게 귀중한 식육으로써 토끼 사육이 장려됐다고 한다.

그런데 윌슨 등이 먹은 통조림 토끼고기에 대해 자세한 내용은 나와 있지 않지만, 그들에게 친숙한 그것은 분명 맛있었을 것이다. 하지만 이 이야기에는 웃을 만한 사연이 있다. 직후 어째서인지 윌슨만 이질에 걸린 것이다. 그러나 이는 조리한 부조종사 탓이 아니었다. 방치된 시체들로 썩은 내가 풍기는 파레즈의 위생 상태를 생각하면 있을 법한 일이라 할 수 있다.

Table 22

1944년 스카파 플로에서 나온
영국 해군함 로드니에서의 크리스마스 만찬

The Christmas Day dinner for HMS Rodney's ship's company

1944년 12월의 크리스마스 시즌. 스카파 플로에 정박 중인 영국 전함 로드니에서는 영국 해병대가 주최하는 성상 쇼 등이 열렸고, 아울러 크리스마스를 기념하기 위해 조리된 특별한 식사도 준비되었다.

아침 식사는 롤빵에 에그&베이컨 등이었지만, 디너는 크림 오브 토마토 스프, 로스트 터키&스타핀(충전재), 로스트 포크&애플 소스, 로스트 포테이토, 그린피스, 크리스마스 푸딩…… 즉, 전형적인 영국의 크리스마스 메뉴였다.

서양에서는 크리스마스에 터키(칠면조)가 메인 요리로 나오는 많은데, 다른 육류가 등장하는 것도 드문 일은 아니다. 그중에서도 영국은 예로부터 고기 요리가 성행해 이미 16세기에는 '스테이크와 로스트 비프의 나라'로 알려져 소고기뿐만 아니라 양고기나 돼지고기, 조류를 중심으로 하는 야생의 소동물(토끼 등) 등도 많이 먹어 왔다. 『로빈슨 크루소』(1719년 출판)의 저자 다니엘 디포는 책을 출판하기 전부터 정치 활동이나 정부의 스파이 활동을 했던 것으로 알려져 있는데, 영국 국내를 시찰 여행한 후 평균적인 생활을 하는(주로 중상류층의) 사람들은 연간 1인당 소 한 마리, 양 6마리, 송아지 2마리, 돼지 한 마리분의 고기를 소비한다는 보고를 했다고 한다.

그런데, 로스트 포크는 로스나 넙적다리 등의 덩어리 고기에 소금·후추를 쳐서 오븐에 차분히 굽는 것이 기본이지 전함 로드니의 승무원에게 배포된 1944년 크리스마스 스페셜 메뉴 카드. 풍채가 좋은 해군 그림의 몸 부분에 아침, 점심, 저녁의 요리명이 위에서부터 차례로 적혀 있다. 기독교 국가의 군대에서는 군함뿐만 아닌 모든 곳에서 크리스마스 특별 메뉴가 제공되는 것이 보통이었다. 특히 고기요리를 선호해 다양한 칠면조 요리가 단골이었지만 상황에 따라 소고기와 돼지고기, 양고기 등도 제공됐다. 세세하게 담는 수고를 덜기 위해 큰 고깃덩어리를 대형 오븐에 구워 그것을 적당히 잘라 제공되는 경우가 많았다.

〈오른쪽 페이지 요리사진〉
왼쪽 상단은 크리스마스 푸딩. 접시 위의 로스트 포크(앞쪽)에 곁들인 건 왼쪽부터 충분한 라드를 걸어 구워낸 로스트 포테이토, 그린피스, 애플 소스.

토막지식

영국 크리스마스 메뉴에서 빠질 수 없는 디저트 중 하나로 '민스 파이'가 있다. 원래는 민스(다진 고기)를 채운 파이였지만, 현재는 말린 과일로 만든 '민스 미트'를 채운 파이로 변화했다. 로드니의 크리스마스 메뉴에서도 야식으로 준비됐다.

---

r e c i p e

로스트 포크와 애플 소스

● 재료
〈로스트 포크〉
돼지목살 로스용   700g
로즈마리   1장
타임   3줄기
마늘   1쪽
올리브유   2큰술
소금   1작은술

〈애플 소스〉
사과   1개
설탕   1큰술
레몬즙   1/2개
화이트와인   50ml
벌꿀   2큰술
소금   1/4작은술

● 만드는 법
로스트 포크
① 돼지고기는 상온에 두었다가 포크 등으로 구멍을 낸다.
② 오븐은 200도로 예열한다.
③ 비닐봉지에 돼지고기, 로즈마리, 타임, 으깬 마늘, 올리브유, 소금을 넣고 잘 밀봉해 30분 이상 둔다.
④ 프라이팬을 중불로 달구고 ③의 돼지고기를 표면에이 갈색이 될 때까지 굽는다.
⑤ ④의 돼지고기를 오븐(200도)에서 20~25분 굽는다.
⑥ 오븐에서 고기를 꺼내 알루미늄 호일로 싸서 30분 정도 둔다.
⑦ 알루미늄 호일에서 고기를 꺼내 두껍게 썰어 접시에 담는다.

애플 소스
① 사과는 꼭지를 따서 껍질째 2cm 크기로 깍둑썰기한다.
② 작은 솥에 애플 소스 재료를 모두 넣고 끓기 시작하면 약불로 바꿔 15분 정도 푹 끓인다.

만 허브를 사용할 때도 많다. 그리고 구워진 로스트 포크에서 빼놓을 수 없는 것은, 신맛과 약간의 단맛이 나는 애플 소스다. 로스트에 한정하지 않고 돼지고기와 사과의 조합은 스테디셀러 중의 스테디셀러다.

메뉴로는 영국의 전통적인 크리스마스 디저트인 크리스마스 푸딩도 준비됐다. 스웨트(소지), 빵가루, 밀가루, 계란, 설탕, 브랜디, 럼주, 말린 과일, 향신료 등을 섞어 쪄낸 것으로 16세기 이후 영국 크리스마스에 꼭 등장하는 다과다. 전통적으로 열세 종류의 재료—그리스도와 열두 제자를 의미하는—가 사용된다고 하며, 겉모습은 검고 수수하지만 끈적끈적한 달콤함에 각 가문의 취향과 소망이 담긴 전통 다과였다.

원래대로라면 가족과 함께 집에서 보내는 크리스마스였겠지만, 영국 해군의 거점 스카파 플로에서 이를 맞이한 승무원들에게는 감사로 가득 찬 각별한 시간이었을 것이다.

Table 23

두 명의 자유 프랑스인이 먹은 비밀 크리스마스 정찬

후무스
Hummus

「피라미드의 그늘에 조용히 서 있는 작은 마을을 어슬렁거리며, 양고기를 다진 것과 누에콩을 써서 만든 요리에 샐러드, 빵, 후무스라는 단순하고 맛있는 요리를 하는 레스토랑을 찾아내 모든 것을 맥주와 함께 위장에 쑤셔 넣었다.」 (Susan Travers 저, 『Tant que dure le jour』에서 발췌)

후에 프랑스 외인 부대 최초의 여성 대원이 된 수잔 트래버스는 1941년 12월 자유 프랑스군의 마리 피에르 케니그 장군과 함께 이집트의 기자를 방문 중이었다. 자유 프랑스군의 조장으로 고위사관 운전기사를 맡았던 그에게 쾨니그 장군은 상사이자 사적으로도 둘도 없는 인물이었다.

당시 자유 프랑스군은 이집트에서의 싸움을 위해 시리아의 알레포에서 카이로로 이동했는데, 두 사람은 군이 서부 사막 지대로 진출하기 직전이었던 크리스마스 시기를 카이로에서 보내며 전시 중이라 관광객이 없는 기자에서 산책을 즐겼다.

두 사람이 기자의 식당에서 먹은 것은 중동 아랍 사회에서 만들어지는 대표적인 음식 중 하나다. 양고기를 다진 것과 누에콩을 써서 만든 요리가 어떤 것인지는 상세하게 나와 있지 않지만, 양고기는 중동 요리의 주재료로 다루어지는 경우가 많아 시리아에서 커버브(케밥)라고 하면 오로지 양고기를 다진 것에 양파, 향신료를 섞어 여러 번 두드린 후

빌 하케임에서 추축군에게 공격을 가하는 자유 프랑스군 소속의 외인부대. 자못 프랑스군다운 군장을 착용하고 있지만, 전쟁이 길어지면서 자유 프랑스군의 군장이나 장비는 미국이나 영국의 것이 늘어났다.

자유 프랑스 제1보병사단장 마리 피에르 쾨니그 준장. 1942년 5월 리비아 빌 하케임 전투에서는 이 사단을 이끌고 멋진 전투를 벌였다.

recipe

후무스

●재료
병아리콩 1/2컵
요구르트 1큰술
올리브유 2큰술
마늘 1쪽
쿠민 1작은술
고춧가루 적당량
고수 적당량
소금 1작은술
참깨 1큰술
물 2큰술

●만드는 법
① 병아리콩은 물에 담가 하룻밤 둔다.
② 마늘은 갈아 둔다.
③ 냄비에 ①의 병아리콩을 넣고 부드러워질 때까지 삶는다(40~50분 정도).
④ ③의 부드러워진 병아리콩을 그릇에 담고 간 마늘, 요구르트, 쿠민, 참깨, 소금, 올리브유, 물을 넣어 푸드 프로세서로 페이스트 상태로 만든다.
⑤ 접시에 담아 올리브유를 뿌리고 기호에 따라 고추와 고수 등을 곁들인다.
⑥ 홉스나 피타 등 아랍계의 얇은 빵에 찍어 먹는다.

쇠꼬챙이에 꽂아 구운 것을 말한다. 그리고 전채요리의 대표격이 후무스(홈무스, 홍모스, 흥무스, 함무스, 하모스라고도 부른다), 즉 병아리콩 페이스트 요리다. 말린 병아리콩을 하룻밤 물에 담가 다시 넣고 푹 익혀 부드럽게 만든 뒤 페이스트 형태로 만들어 소금, 간 마늘, 흰 깨 페이스트 소스, 레몬즙을 넣어 간을 맞추고 푸짐한 올리브유, 고춧가루 등의 향신료와 고수 같은 허브 다진 것을 섞거나 장식으로 뿌린다. 이것을 홉스(밀가루, 소금, 물을 반죽해 구운 얇은 빵)로 떠내어 입으로 가져간다. 명칭은 지역에 따라 다르지만 대동소이한 음식이 중동 일대에서 널리 통용되고 있다.

영국인 수잔 트래버스는 모국의 부족한 배급식을 먹을 부모님을 떠올리면서도 「지금까지 경험한 적이 없을 정도로 훌륭한 크리스마스 정찬이었다」라고 기술했다.

토막지식

병아리콩은 튀르키예 남동부가 원산지다. 튀르키예 남동부에서 시리아, 레바논, 팔레스티나, 이스라엘, 요르단 등을 포함한 일대는 비옥한 초승달 지대로 알려졌으며, 이 지역에서 밀과 보리 외에 병아리콩 렌즈콩 등도 재배되기 시작했다고 한다. 고대 이집트에서 재배가 활발했던 탓에 일명 '이집트콩'이라고도 한다.

Table 24

포템킨 호 선원들이 기대한 수프

보르시
борщ

때마침 러시아 국내에 혁명의 기운이 고조되던 1905년, 그 '전함 포템킨의 반란'이 발생했다. 6월 27일(당시 율리우스력으로는 14일) 아침, 갑판에 고리에 매단 소의 몸통에 구더기가 끓고 있는 걸 아침 작업반 수병이 발견한다. 전날 오데사에서 구입한 병사용 식량의 일부였다. 러시아 군함의 아침 식사는 흑빵과 홍차를 기본으로 하는 수수한 것인 반면 하루 중 가장 맛있는 식사는 점심이었는데, 그 소고기는 '스프 보르시'에 쓰일 예정이었다. 하지만 군의관의 '식초와 소금물로 세정하면 괜찮다, 좋은 고기다'라는 지시에 근거해 조리되었다……. 이에 따른 반란에 대해서는, 영국 해군사 연구가인 리처드 허프의 『전함 포템킨의 반란』에 자세히 묘사되어 있다. 그래고 영화사에 길이 남을 『전함 포템킨』 역시, 프로파간다 영화이기는 하나 반란의 단편을 그리고 있다.

그런데 러시아 음식의 대표로 알려진 보르시는 원래 우크라이나의 향토 음식이라고 한다. 우크라이나가 제정 시대에는 러시아령이었다는 역사적 배경을 생각하면, 이곳의 음식이 러시아 전역에 퍼졌을 것이다.

우크라이나 음식의 기본은 키예프 대공국 시대를 중심으로 한 중세로 거슬러 올라간다고 한다. 보르시의 기원 및 어원에는 여러 가지 설이 있지만, 야채와 향신료의 조림(수프)에 비트를 추가한 후에라야 보르시라고 불리게 되었다

54

제1차 세계대전 중 촬영된 포템킨. 정식 함명은 크냐지 포템킨 타브리체스키라고 한다. 반란 이후인 1905년 9월 30일 판텔레이몽으로 개명됐다가 1917년 3월 31일 반란을 기념해 함명이 포템킨 타브리체스키로 되돌아갔으나 작위를 나타내는 크냐지는 제외됐다.

영화 『전함 포템킨』의 포스터의 한 예. 왼쪽에는 나부끼는 붉은 깃발, 오른쪽에는 바다에 내던져지는 사관. 그야말로 혁명을 상징한 구도다. 육군의 병영생활에 비해 사관과 하사관병이 같은 함 내에 기거하는 군함의 생활은 양자의 대우 차이가 여실히 드러나 비교하기도 쉽다. 그런 일상 생활에서의 울분이 하사관병이 봉기하는 사태를 초래했다.

recipe

우크라이나식 보르시

●재료(약 10인분)
소고기(가슴살 또는 정강이살 덩어리) 550g
부케가르니
(샐러리 잎 2줄기 정도, 파슬리 5~6줄기, 월계수 잎 2~3장)
소고기 스톡(소고기를 삶은 것) 10컵

토마토 중간 크기 4~5개
양파 큰 것 1개
마늘 3쪽
비트(간 것) 약 550g
샐러리(줄기) 작은 것 1개
파슬리(줄기) 1~2개
흰 당근(파스닙) 큰 것 1개
※없을 경우 샐러리를 증량한다. 또는 순무나 당근을 사용한다.
감자 550g
양배추 550g

버터 6큰술
설탕 1큰술
와인 식초 1컵
소금 1.5큰술

파슬리(다진 것) 4큰술
스메타나(사워 크림) 2컵

●만드는 법
①소고기에 소금을 뿌리고 크고 두꺼운 냄비에 물 4~5리터를 넣어 강불에서 끓여 거품을 걷어낸다. 약불에서 부케가르니를 넣고 1시간~1시간 반을 끓인다. 고기가 부드러워지면 꺼내 한입 크기로 썬다.
②끓인 국물은 그대로 2~3시간 약불로 끓인 후 부케가니를 꺼내 체에 걸러서 비프 스톡으로 삼는다.
③토마토는 껍질을 벗겨 씨를 빼낸 후 적당히 다지고, 양파는 잘게 채썬다. 비트, 샐러리 줄기, 흰 당근은 적당히 간다. 파슬리 줄기를 다진다. 감자는 껍질을 벗겨 2~3cm 크기로 깍둑썰기한다. 양배추는 심지를 도려내 크게 채썬다.
④두꺼운 냄비나 팬에 버터를 녹이고 ③의 양파, 마늘을 볶아 색이 달라지면 비트, 샐러리 줄기, 흰 당근, 토마토, 설탕, 와인 식초, 소금, 비프 스톡 2컵을 넣고 강불에서 끓인 후 약불에서 약 40분 정도 끓인다.
⑤다른 큰 냄비에 남은 비프 스톡, 감자, 양배추를 넣고 강불에서 끓인 후 약불에서 약 20분, 감자가 너무 익어서 뭉개지지기 전까지 끓인다.
⑥⑤의 냄비에 남은 토마토, ①의 소고기, ③을 넣고 약불에서 약 15분간 거품을 걷어내며 끓인다. 간을 보고 소금, 후추로 간을 맞춘다.
⑦스프 접시에 덜어 파슬리 다진 것을 뿌리고 스메타나(사워 크림)를 곁들인다.

고 한다. 비트의 은은한 달콤함과 선명한 적보라색 수프야말로 보르시가 보르시인 까닭이다. 비트는 지중해 동안에서 서아시아 지역이 원산지인 이른바 남방계 채소로, 14세기 이후 널리 보급되기 시작했다고 한다. 그리고 16세기 이후에 신대륙에서 온 채소가 더해지면서 보르시도 다양성을 보이게 되었다.

보르시에 사용되는 식재료로 육류는 돼지고기, 소고기, 닭고기, 양고기, 야채는 양배추, 감자, 강낭콩, 토마토, 순무, 사과, 옥수수 등으로 다양하다. 만드는 방법도 지방이나 가정마다 다양하게 변주되나 기본은 고기를 몇시간 끓인 부용에 비트나 야채, 향초를 차례차례 더한 후 소금, 후추로 간을 맞추는 것이다. 식사는 단조로운 함내 생활의 몇 안 되는 즐거움이다. 이를 소홀히 했으니 수병들이 화를 낼 만도 했다.

토막지식

보르시는 양고기나 럼을 사용하는 키예프식, 닭 거위 오리 등을 사용하는 포르타와식, 쇠고기 햄 소시지를 넣는 모스크바식, 비트를 사용하지 않는 그린 보르시식 등 종류가 많다. 러시아 해군 보르시는 재료를 네모나게 자르는 것이 특징이다. 또, 폴란드 등 인근 여러 나라에서도 비트를 사용한 유사한 수프가 예로부터 있다.

Table 25
영국 해군 장병에게 친숙한
콘비프 샌드위치
Corned beef sandwich

「우리는 콘비프 샌드위치로 살아가고 있으니까요. 몇 주씩이나……」 모험 소설의 거장 알리스테어 매클린의 명저 『여왕 폐하의 율리시스호』의 한 구절이다. 독소 개전에 수반해 연합국 해군은 소련을 원조하는 병기와 물자를 부동항 물만스크로 보내는 원조 수송 선단을 편성, 순양함 율리시스는 그 호위를 맡은 배 중 하나였다. 대전 중 해군으로 같은 순양함에 탑승한 저자가 쓴 이 작품은 극북의 바다에서 싸운 영국 순양함 위에서의 일상을 치밀하게 그린 걸작으로 평가받고 있다.

콘비프(corned beef)란 소금에 절인 소고기라는 뜻으로, 단어는 암염 알갱이(corn)로 염장을 한 것에서 유래했다고 한다. 소고기 염장은 예로부터 세계 각지에서 행해 왔는데, 특히 영국에서는 산업혁명 무렵에는 아일랜드산 염장 소고기가 상업 거래되고 있다.

한편, 1810년에 영국에서 통조림이 발명되어 12년에 세계 최초의 통조림 공장이 탄생, 13년부터 통조림 식품이 영국군에 납품되었다. 통조림 기술이 탄생한 이래 서구에서는 통조림 식품이 발전했고, 당연히 소금에 절인 소고기 통조림도 등장했다.

콘비프의 일반적인 제조법은 덩어리 또는 깍둑썰기한 소고기를 일정기간 염장한 후 찜 또는 중탕을 해 통조림으로 가공한다. 그렇게 만든 것을 영국에서는 불리비프(bully

소설에 등장하는 율리시스와 같은 경순양함 시라. 촬영은 1943년 2월. 극북의 시화 후, 바다가 잠잠해진 틈을 타 데크의 결빙을 제거하는 작업을 하면 혹한의 추위에 노출되게 된다. 그러나 상갑판의 결빙이 증가하면 함의 무게 중심이 높아져 전복의 위험이 발생하므로 제빙 작업은 필수불가결했다. 게다가 북극해는 항상 바다가 거친 상태이기 때문에 컵을 사용하는 것이 고작이었다. 식기에 음식을 담고, 거기에 나이프, 포크, 스푼 등을 사용해 식사하는 것은 꽤 어려웠다. 그래서 손으로 직접 먹을 수 있는 샌드위치와 머핀이 편리했다.

r e c i p e

콘비프 샌드위치

●재료
식빵 적당량
콘비프(통조림) 적당량
버터 적당량
머스터드 적당량

●만드는 법
①통조림을 열고 콘비프를 그릇에 꺼내 숟가락 등으로 잘 풀어둔다.
②식빵 단면에 버터와 머스터드를 바른다. 버터는 빵에 재료의 즙이 스며드는 것을 방지하므로 식빵면 전체에 골고루 바른다.
③②식빵에 풀어둔 콘비프를 올리고 다른 버터 바른 식빵을 올려 가볍게 눌러준다.
※콘비프의 양은 취향에 따라 조정한다.
※콘비프에 소금, 후추를 하고, 잘게 썬 오이 피클(스위트 타입), 레몬즙을 조금을 섞어서 빵 사이에 끼우는 것도 좋다.

토막지식

일본에서는 콘비프라고 하면 통조림 제품이란 인상이 강하지만, 서양에서는 조각낸 고기를 소금에 절인 생 콘비프도 판매되고 있어서 영국에서는 "salt beef"(소금에 절인 소고기)라고 부른다. 또 콘비프 샌드위치는 빵에 겨자를 적당량 바르고 콘비프를 슬라이스 또는 풀어 올리는 심플한 것이다.

beef)라고 부르며, 콘비프와는 엄밀하게 구분되나 둘은 동의어로 간주된다. 'bully'는 프랑스어의 bouilli(삶다)가 변형된 것이다.

그리고 보어전쟁(1899~1902년) 시기에 불리비프(소금에 절인 소고기 통조림), 이른바 콘비프 통조림이 영국군의 양식으로 채택된 이래, 제2차 세계 대전 중에도 요긴하게 활용되었다. 불리비프는 종종 딱딱한 비스킷(건빵)과 함께 지급되었는데 그 단단함에 이가 빠진 사람도 있었다고 한다.

하기야 해군에서는 선내에서 빵을 구웠으므로 슬라이스한 불리비프를 낀 샌드위치를 만들어 먹는 일이 많았다. 율리시스호에서는 조리병까지 전투에 배치됐는데 제빵 담당과 고기 담당만이 전투 배치에서 면제된 탓에 재빠르게 만들 수 있는 콘비프 샌드위치만 먹을 수 있었다는 것이다.

비슷한 일은 호위함정에서의 에피소드로서 각종 실록에도 묘사되어 있다. 특히 혹한의 북대서양이나 북극해에서 임무에 종사했던 함에서는 뜨겁고 진한 코코아와 콘비프 샌드위치가 망루에 서 있느라 뼛속까지 얼어붙은 승무원들의 별미였다고 한다.

Table 26

붉은 남작의 젊은 시절 술자리를 장식한
굴
Frische Austern

1941년 여름, 훗날 격추왕 붉은 남작으로 불리며 명성을 떨치게 되는 만프레트 폰 리히트호펜은 독일 육군 최고 명문부대인 제1창기병연대 소속 소위로 발트해에 접한 국경 주둔지 오스트로보(현 폴란드)에 있었다.

「우리는 러시아 국경에서 10km 정도 떨어진 곳에 있는 분견대 패거리와 장교 클럽에 자리를 잡고 굴을 먹으며 샴페인을 마시고 작은 내기를 하며 지냈다. 모두 매우 쾌활하고, 누구 하나 전쟁 생각은 하지 않았다.」(Dale M. Titler 저, 『Day the Red Baron Died』에서 발췌)

귀족으로 태어나 열한 살에 사관후보생이 되어 사람을 이끌 운명으로 살아온 스물두 살의 젊은 군인이 비슷한 처지의 소장사관들과 함께 제1차 세계 대전에 대비하던 시절의 이야기이다.

굴은 유럽에서는 2천여 년 전부터 사랑받아 왔다. 오래 전에는 기원전 고대 로마군 병사의 식량으로 여겨져 미식의 대표이기도 했다. 고대 로마군은 각지에의 원정이나 주둔에 즈음하여 육류 외 어패류도 식량으로 삼은 모양인데, 주재지의 보루 유적, 특히 브리타니아(영국)에 패총이 남아 있어 굴을 먹었다는 근거가 되고 있다.

또 가이우스 율리우스 카이사르를 비롯한 고대 로마의 영웅들은 정성이 많이 들어가는 음식으로 굴을 생식했다. 브리타니아(영국)산이나 갈리아(프랑스)산을 선호했다거

리히트호펜의 애기 포커 Dr.I 425/17. 기체 전체가 진홍색으로 도색되어 있었기 때문에 그는 레드 바론(붉은 남작: 영어권), 레드 나이트(붉은 기사: 영어권), 디아브레 루즈(붉은 악마: 불어권) 등의 별명으로 두려움을 샀다.

만프레트 폰 리히트호펜 남작. 1911년 자원해서 제1창기병연대에 배속되었지만, 1915년에 비행대로의 전속을 희망. 이후 에이스 파일럿으로 활약하다가 1918년 4월 21일 전투 행동 중 비행기에서 심장에 치명적인 총상을 입고 불시착 후 사망하였다. 전사시의 계급은 기병 대위로, 향년 25의 젊은 나이였다.

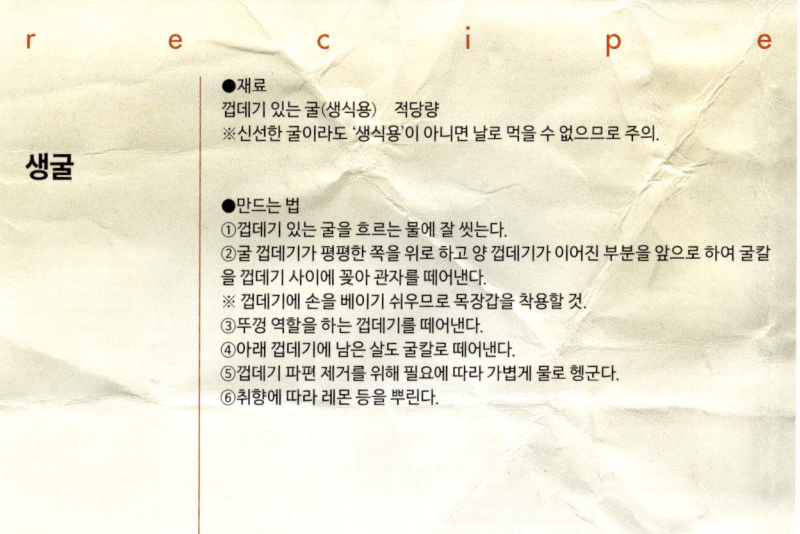

recipe

생굴

●재료
껍데기 있는 굴(생식용) 적당량
※신선한 굴이라도 '생식용'이 아니면 날로 먹을 수 없으므로 주의.

●만드는 법
①껍데기 있는 굴을 흐르는 물에 잘 씻는다.
②굴 껍데기가 평평한 쪽을 위로 하고 양 껍데기가 이어진 부분을 앞으로 하여 굴칼을 껍데기 사이에 꽂아 관자를 떼어낸다.
※ 껍데기에 손을 베이기 쉬우므로 목장갑을 착용할 것.
③뚜껑 역할을 하는 껍데기를 떼어낸다.
④아래 껍데기에 남은 살도 굴칼로 떼어낸다.
⑤껍데기 파편 제거를 위해 필요에 따라 가볍게 물로 헹군다.
⑥취향에 따라 레몬 등을 뿌린다.

토막지식

유럽, 특히 프랑스에서 굴이라고 하면 유럽 굴이 주류였으나, 1970년대 이후 유럽 굴의 개체 수가 급감하는 바람에 일본산 참굴을 수입해 양식하였고, 현재는 그것이 주류를 이루고 있다. 그리고 동일본대지진의 쓰나미로 미야기 현의 굴 양식 시설이 괴멸 상태에 빠졌을 때, 프랑스의 굴 양식업자가 보답으로 그 복구를 지원했다.

나 제11대 황제 도미티아누스는 한 입만 먹어도 산지를 맞췄다는 등의 일화가 남을 정도로, 고대 로마 시대에 이미 굴은 귀한 취급을 받아 왔다. 그리고 이 미식의 일품이 유럽인들, 특히 부유한 귀족층에게 전해져 왔다.

유럽의 굴은 일본의 참굴(Crassostrea gigas)과는 다른 종—일명 유럽 굴(Ostrea edulis)—이다. 북대서양 연안에서부터 지중해에 걸쳐 분포하며, 껍데기는 원반 모양으로 납작하다. 관자가 크고 내장이 작기 때문에 참굴과 같은 크리미함은 없고, 굴의 풍미—경우에 따라서는 아연 유래 조개류의 체액 맛—가 강한 것이 특징이다. 하지만 이것이야말로 유럽 굴의 맛으로, 와인, 샴페인과의 조합의 절묘함이 예로부터 회자되어 온 까닭이기도 하다.

굴에 얽힌 일화는 많다. 철혈 재상이자 미식가인 오토 폰 비스마르크가 한때 175개를 먹었다는 이야기는 일찍이 알려져 있다. 그리고 비스마르크의 다음 세대를 책임질 젊은 귀족 사관들의 변방의 주연 자리를 장식한 것 또한 굴이었다.

Table 27
갈리폴리에서 병사가 손에 쥔 '튀르키예의 기쁨'
로쿰
Lokum

제1차 세계 대전의 갈리폴리 전투에서는 연합군의 후방 지원이 대부분 에게 해에 있는 렘노스 섬의 무드로스 항구를 중심으로 이뤄졌다. 하지만 그곳에서는 적하물의 양륙 따위에서 혼란이 발생 중이었기에, 갓 파견된 병사 또한 명령을 기다리며 서성일 때가 잦았다고 한다. 그러한 상황에 대해서는 렘노스 섬 기지 사령관 윔스 제독의 일기에 기술되어 있다.

「이들 사이에서는 교활한 그리스인 상인의 면모가 보였다…… 그들은 탐욕스럽고 언변이 뛰어나 양파부터 튀르키예 과자, 비첨의 환약에 이르는 온갖 종류의 물건을 팔아치워 양쪽 외국병(프랑스병과 영국병)으로부터 돈을 벌어들였다.」(Alan McRae Moorehead 저, 『Gallipoli』에서 발췌)

여기에 기술된 튀르키예 과자란 튀르키예의 대표적인 과자인 로쿰(Lokum)이다. 설탕과 전분, 물을 졸여 반죽해 식힌 후 가루설탕을 뿌리는 부드럽고 달콤한 과자로, 민트나 로즈워터를 섞어 향이나 색을 입히거나 호두, 피스타치오, 아몬드 등의 으깬 견과류를 첨가하기도 한다.

튀르키예 음식은 세계 3대 요리 중 하나로 꼽히는데, 그 음식 문화의 원형을 이룬 것이 오스만 제국이라고 한다. 오스만 제국은 그 영토의 확대·발전과 함께 식문화권도 확대해 갔다. 앞의 로쿰도 원형은 페르시아의 개즈라고 하는 과

포로로 잡은 오스만 제국병을 조사하는 영국군 사관. 오스만 제국과 영국은 모두 왕실이 통치하는 국가로, 오스만 제국군 장병은 용감하고 규율이 엄격했으며 영국군 장병 역시 마찬가지였다. 이러한 이유로 갈리폴리전에서의 양군 장병은 서로의 용기를 인정했고, 휴전 시에는 선물 교환 등이 이루어졌다. 오스만 제국 병사는 영국제 담배나 과일 통조림을, 반대로 영국군 병사는 튀르키예산 신선한 과일이나 야채를 선호했다고 한다.

r e c i p e

로쿰

●재료
그래뉴당   300g
옥수수 전분   80g
레몬즙   약간
물   350ml
식용유   적당량
가루설탕   적당량
견과류(취향에 따라 으깬 호두, 피스타치오, 캐슈넛 등) 100g
※견과류는 취향에 따라 넣는다. 견과류를 넣지 않으면 심플한 로쿰이 된다.

●만드는 법
①그릇에 유산지를 깔고 식용유를 바른 후 그 위에 차거름망 등을 이용해 옥수수 전분(분량 외)을 뿌린다.
②냄비에 그래뉴당과 레몬즙, 물 150ml를 넣고 중불에서 4~5분 정도 가열해 졸여 옅은 갈색이 되면 불을 약하게 조절한다.
③그릇 등에 옥수수 전분과 물 200ml를 잘 섞은 후, 그것을 ②의 냄비에 넣고 약불에서 약 10분간 반죽하며 잘 섞는다. 견과류가 들어간 걸 만들고 싶을 때는 이 단계에서 견과류를 첨가한다.
④뜨거울 때 ①의 그릇에 흘려 넣어 표면을 평평하게 하고 실온에서 수 시간에서 하룻밤을 식힌다.
⑤④가 적당히 굳으면 그릇에서 꺼내 가루설탕과 옥수수 전분(분량 외)을 섞은 걸 전체적으로 뿌리고, 한 입 크기로 잘라 단면에도 같은 것을 뿌린다.

토막지식

로쿰은 오래전에는 밀가루를 주원료로 꿀을 사용했지만 오늘날처럼 옥수수 전분을 사용하게 된 것은 양질의 전분과 설탕이 안정적으로 공급되게 된 19세기에 이르러서야. 이스탄불에서는 1777년 창업한 알리 무히딘 하지 베킬이 오스만의 술탄 마흐무트 2세(재위 1808~1839년)의 애고를 받은 노포로 알려졌다.

자라고도 하며, 튀르키예에서는 15세기경부터 알려져 점차 인기를 끌어 널리 퍼졌다고 전한다. 오스만 제국에는 이슬람의 계율에 따라 금주의 규칙이 있었다. 그 대신 단 것에서 즐거움을 추구했다는 시대적 배경도 로쿰이 인기를 끌게 되는 데에 한몫했을 것이다.

영국에 로쿰이 소개된 것은 18세기부터 19세기다. 이윽고 이 나라에서 만들어지는 달콤한 젤리 과자류는, 모두가 '터키시 딜라이트(Turkish Delight=튀르키예의 기쁨)'라고 부르게 되었다. 덧붙여서, 터키시 딜라이트의 이야기는 작가 디킨스의 『에드윈 드루드의 미스터리』(1870년)에도 등장한다.

갈리폴리 최전방에서는 연합군과 오스만 제국군이 서로 참호를 파고 대치했다. 그리고 전투와 휴전이 반복되어 교착 상태가 되면 양측 참호 간에 종종 선물 교환이 이루어졌다고 한다. '오스만 제국군 측이 포도나 과자를 던지자, 연합군 측의 병사는 답례로 통조림이나 담배를 되던졌다'. 연합군의 참호에 던져진 과자에는 분명히 로쿰도 포함되어 있었을 것이다. 삶과 죽음이 함께하는 참호에서 먹은 한 입거리 달콤한 과자는 바로 튀르키예의 기쁨이었을 것이다.

Table 28

해군 항공 수송대의 기내 제공식
비프 스튜
Beef Stew

　위 사진은 미 해군 항공수송대가 운항하는 상병병 긴급 항공수송편 더글러스 R5D의 기내에서의 한 컷이다. 이 항공편은 오클랜드에서 캔자스주 오레이사나 메릴랜드주 파탁센트리버의 해군항공기지 등을 경유, 대륙을 횡단해 순회하며 가료 중이거나 회복기의 상병병을 각자의 고향 근처 의료시설로 이송했다. 그 기내에서 윌리 블루 일병은 따뜻한 기내식을 제공받았다. 메인은 감자나 당근과 함께 끓인 비프 스튜라고 할 수 있다.

　제2차 세계 대전 중 미 해군 요리책에서는 강인한 육체의 형성과 유지를 위해 균형 잡힌 식사가 제공되어야 한다고 말하고 있으며, 군의 양식 중 가장 중요한 식재료 중 하나로 육류를 꼽고 있다. 그 육류의 대표가 소고기다.

　당시 세계 여러 나라가 식량 부족에 빠져 있었는데, 미국 내 식량 사정은 고기와 버터, 설탕 등이 배급제가 됐다고는 하나 비교적 충실했다. 육류 섭취에 대해서 말하자면, 1942년 당시, 미국인 남자 1인당 연간 육류 섭취량이 평균 56킬로인데 비해, 미국 군인은 163킬로였다. 게다가 후자가 먹은 고기의 대부분은 소고기였다고 한다.

　군 요리책에 소고기는 로스팅 등의 구이, 스튜 등의 조림을 비롯한 육류 요리로 기본 50여 종의 레시피가 소개돼 있다.

　원래 미국에서 소고기가 보급되기 시작한 것은 19세기

브루클린 해군병원으로 이동하던 중 더글러스 R5D 수송기 기내에서 식사를 하는 윌리 블루 일병. 1945년경 촬영. R5D는 C-54 스카이마스터 수송기의 해군 버전으로, 민간형은 DC-4로 불렸다. 제2차 대전 중 미국은 세계에서도 유례가 없을 정도로 많은 수송기를 생산해 공수에 활용했다. 또 이 대전 참전국 중에서도 식량 사정이 좋기로 굴지였는데, 각종 식품이 배급제로 돼 있었다고는 하나, 그렇다 해도 다른 나라보다 훨씬 풍족했다.

미 해군 요리책에 의하면, 비프 스튜에 사용하는 고기는 뼈가 없는 것이 바람직하지만 뼈가 붙은 경우엔 뼈를 제거해 결코 뼛조각이 섞여 들어가게 하면 안 된다고 한다. 먹기 좋게 작은 고기 조각(3~6cm 정도의 깍둑썰기)으로 잘라 소금, 후추, 밀가루를 뿌려 노릇노릇해질 때까지 구운 후 비프 스톡을 첨가해 2~3시간 동안 끓인 후 작게 깍둑썰기한 토마토, 양파, 샐러리, 감자, 당근 등을 넣고 다시 끓여 간을 맞춰 마무리한다.

비프 스튜

recipe

●재료(10인분)
(수프 스톡=폰용)
소고기 힘줄살 800g
당근 1/2개
양파 1/2개
파 1/2개
샐러리 1/4개
화이트와인 250cc
물 20000cc

(스튜용)
소고기(순살) 1300g
소금 적당량
후추 적당량
밀가루 45g
우지 적당량
비프 스톡 1.5ℓ
양파 300g
토마토(통조림도 가능) 550g
당근 300g
감자 550g

●만드는 법
①소고기는 3~6cm 크기로 깍둑썰기한다. 양파는 작게 방사형으로 자르고(4~6등분), 감자와 당근은 5cm 크기로, 샐러리는 깍둑썰기한다. 토마토는 껍질을 벗겨 잘게 썰어 놓는다.
②자른 소고기에 소금, 후추를 뿌리고 밀가루를 묻혀 여분의 가루를 털어낸다.
③두꺼운 냄비에 우지를 넣고 ②의 소고기를 노릇노릇하게 작게 익을 때까지 굽는다.
④③에 비프 스톡을 넣고 뚜껑을 덮어 중불에서 고기가 부드러워질 때까지 2시간 정도 끓인다.
⑤④에 토마토, 양파, 샐러리, 당근, 감자를 넣고 1시간 정도 끓인다.
⑥걸쭉하게 만들기 위해 녹인 밀가루(분량 외)를 넣고 천천히 섞는다.
⑦소금, 후추로 간을 맞춘다.
⑧담아낼 때 삶은 그린피스를 장식한다.

말로, 1865년 남북전쟁이 끝난 뒤 카우보이가 텍사스에서 북부에서 가장 가까운 기차역까지 소 떼를 따라가는 캐틀 드라이브가 미국과 소의 강렬한 이미지로 그려지는 경우도 많다. 이들 소는 캔자스시티나 시카고로 옮겨졌는데, 소고기 산업의 거점이 된 시카고에서 가공된 소고기가 동부 시장에서도 나돌게 됐다. 그리고 1880년대 후반에는 미국인의 대부분이 스테이크 등의 소고기 요리를 먹게 되었다. 미국에선 돼지고기도 많이 소비되었으나, 1900년경부터 제2차 대전 중까지는 시카고에서 출하되는 쇠고기와 돼지고기의 양이 거의 같았다고 한다. 참고로 전후에는 소고기가 앞지른다.

제2차 대전에는 1,600만 명 이상의 미국인이 종군했으며 40만 5천 명이 전사, 67만 명 이상이 부상당해 귀환, 14만 명이 포로가 되었다. 그리고 부상병 상당수가 국내 의료 시설에서 치료와 재활을 받았다. 윌리 블루도 그 중 한 명이다. 더글라스 R5D 기내에서의 비프 스튜는 고향 가는 길에 먹는, 각별히 맛있는 한 끼가 아니었을까.

Table 29
철수하던 독일군이 맛 본 빈 스타일 크레페
팔라친켄
Palatschinken

1945년 봄, 독일 브란덴부르크에서 어린 딸과 함께 살던 에디트 한 베어는 소련군이 방위선을 돌파했다는 소식을 듣고 교외의 농촌으로 도망쳤다. 그리하여 작은 집에 숨어 있었는데, 마찬가지로 도망쳐 온 독일군 병사 또한 그곳에 숨기 시작했다. 그 날의 일을 에디트 한 베어는 이렇게 회상했다. 「근처의 농가에 가서 밀가루와 계란, 우유, 잼과 빵을 받아 오도록 해'라고 나는 말했다……(중략)…… 병사들은 하루 종일 그 작은 집에 식량을 운반해왔고, 나는 국방군을 위해 맛있는 빈 스타일 크레페를 수백 장이나 구웠으며, 노부인과 그의 딸이 그것을 나눠주고 다녔다.」(Edith H. Beer 저, 『The Nazi Officer's Wife: How One Jewish Woman Survived the Holocaust』에서 발췌)

비엔나식 크레페 '팔라친켄'은 얇게 구운 크레페 형태의 팬케이크로, 오스트리아를 대표하는 음식이다. 그러나 실은 루마니아의 플라친타(plăcintă), 헝가리의 파라친타(paracsinta)에서 유래했다고 한다. 과거 오스트리아 제국은 헝가리를 비롯한 체코, 크로아티아, 루마니아 등 중부유럽과 동유럽의 독자적 문화권의 여러 민족의 터전을 지배했다. 그래서 요리만 해도 각 지역의 영향을 받았으며, 그로 인해 오스트리아는 '식문화의 도가니'라고 불렸다. 그래서 요리 이름도 다양한 식문화를 도입해 발전한 수도의 이름을 붙여 빈 스타일이라 불리곤 한다.

불길에 휩싸인 베를린 시가지를 방황하는 독일 시민. 이러한 사태를 면하고자 아이를 동반한 에디트 한 베어는 재빨리 교외로 도망쳤다.

토막지식

파라친타와 팔라친켄은 크레페 형태라고는 해도 프랑스의 크레페보다 조금 두꺼운 것이 많다. 크레페와의 주된 차이는 반죽을 재우는 방법이라고 하는데, 원래 파라친타 등은 중세 시대부터 먹은 것이고 프랑스의 크레페는 메밀가루를 사용한 갈레트로부터 기인해 17세기에 탄생한 것이라 비슷하긴 해도 기원은 다르다고 한다.

r e c i p e

팔라친켄

●재료
밀가루   1 1/4컵
계란   3개
우유   240cc
베이킹 소다   1/2컵   ※없어도 된다
소금   한 꼬집
바닐라 에센스   1작은술
설탕   3큰술
버터   약 50g
살구 잼   1컵

(토핑)
가루설탕   적당량
호두 혹은 헤이즐넛(가루 형태로 간 것)   적당량

●만드는 법
① 그릇에 계란, 우유를 풀고, 만약 있거든 베이킹 소다를 넣은 다음에 밀가루와 그래뉴당을 넣어 섞은 후 소금, 바닐라 에센스를 넣고 매끈해질 때까지 잘 섞는다.
② 팬에 버터를 1티스푼 정도 넣고 녹인다.
③ 버터에 거품이 나면 ①의 반죽을 한 국자 정도 넣고 평평하게 펴준다.
④ 한쪽 면이 노릇노릇해질 때까지 2~3분 구운 후 뒤집어서 똑같이 굽는다.
⑤ 다 구워지면 살구 잼을 바르고 돌돌 말아 원통형으로 만든다.
⑥ 전부 다 구워질 때까지 예열한 오븐에 넣는 등의 방법으로 온기를 보존한다.
※ 그대로 먹어도 괜찮지만 간 호두나 헤이즐넛, 가루설탕을 뿌리면 보다 맛있는 디저트가 된다.

노동자들의 소박한 음식이었다는 헝가리의 파라친타는 육류와 잼 따위의, 안에 넣는 재료에 따라 주재료에서 단맛이 나게 된다. 마찬가지로 오스트리아의 팔라친켄 역시 살구 잼을 주로 넣어 먹는 한편, 점심이나 저녁의 주재료로 먹어 왔다. 게다가 오스트리아 헝가리 제국의 궁중 음식으로서 다듬어지기도 했다.

그런데 에디트 한 베어는 사실 유대계 오스트리아인이다. 빈에서 레스토랑을 운영하는 집안에서 태어나 빈 대학에서 법학을 전공했다. 하지만 전시 중에는 아리아인 친구의 도움으로 유대인이라는 사실을 숨기고 브란덴부르크의 병원 등에서 근무했다. 남편은 그의 정체를 알고 있는 독일인이자 사관이었다. 덕분에 그는 전쟁 중에서 살아남았다.

독일의 패전을 느낀 당시의 그는 초췌한 독일병을 위해 팔라친켄을 구웠다. 밀가루에 계란과 우유를 넣어 얇게 구운 팬케이크에, 아마도 농촌에서 흔한 살구 잼을 발라 입안 가득 욱여넣는다. 소련군으로부터 도망친 극한의 상황에서 뜻하지 않게 제공된 그 맛은 어떤 것이었을까.

Table 30
영국 해군의 식사를 책임진 통조림 소시지
스노커스
Snorkers

영국 해군 플라워급 콜벳함 컴퍼스 로즈의 부장 J 베넷 대위(호주 의용해군 대위)는 사관실에서 나오는 요리 중 가장 보잘 것 없는 통조림 소시지를 무척 좋아했다. 그것은 낮이나 저녁 식사에 거의 매일 나왔는데, 그때마다 그는 말했다. '소시지라, 이것참 고맙군.' 그러고 나서 충분한 굴소스를 뿌려 먹었다.
Nicholas Monsarrat의 저서 『The Cruel Sea』에 묘사된 한 장면이다. 작가는 제2차 세계 대전의 발발과 동시에 영국 해군에 들어가 콜벳과 프리깃을 타고 실전에 참가했다. 그때의 체험을 바탕으로 1951년 해당 작품을 발표했는데, 선단 호위의 실상을 묘사한 명저로 오늘날에도 높이 평가되고 있다.

그런데 베넷 대위가 말한 '소시지인가……'의 원문은 'Snorkers! Good-Oh!'인데, 사실 영국에서는 특히 군 관계자에게 잘 알려진 문장이다. 스노커스는 영국 해군의 속어로 소시지를 의미한다. 소시지가 잠수 장비인 스노클을 닮았다는 데서 유래했다고 한다. 또한 제2차 세계 대전 중에는 Palethorpe's사의 통조림 소시지의 별명(상품명)으로도 통용되었다.

어느 나라 군대에서나 통조림은 편리하다. 잘 알려진 사실이지만 영국은 통조림의 발상지다. 통조림의 원리는 프랑스에서 고안되었으나, 양철통 용기는 1810년에 영국에서

플라워급 콜벳은 포경선을 기반으로 만든 소형 대잠함이지만 U보트와의 전투에서 활약해 수많은 무용전을 남겼다. 영국에서 140척, 캐나다에서 123척, 프랑스에서도 자유 프랑스 해군용으로 6척이 건조됐다. 전후에는 민간에 불하된 함이 대부분으로, 개중에는 제 기반이 되었던 포경선으로 개장된 함도 있다.

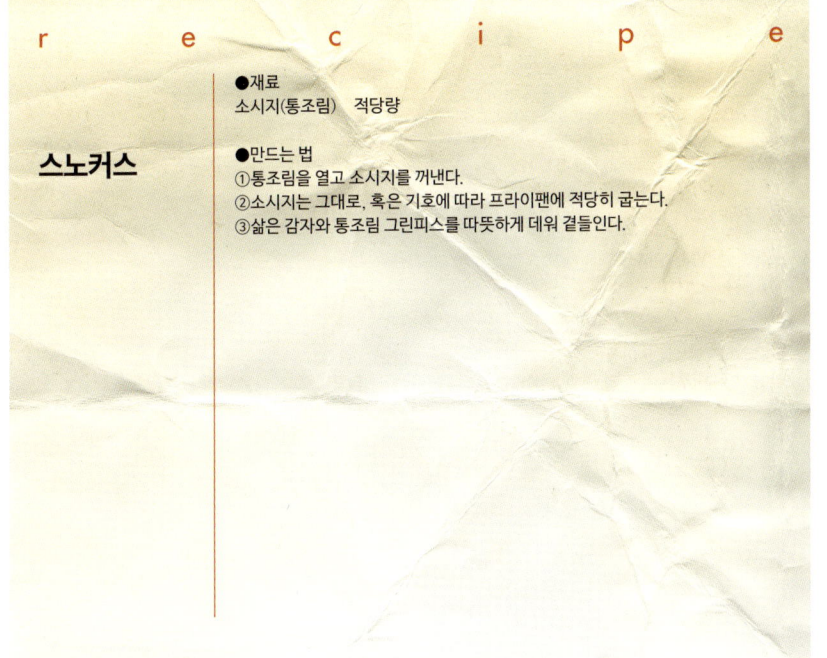

recipe

스노커스

● 재료
소시지(통조림) 적당량

● 만드는 법
① 통조림을 열고 소시지를 꺼낸다.
② 소시지는 그대로, 혹은 기호에 따라 프라이팬에 적당히 굽는다.
③ 삶은 감자와 통조림 그린피스를 따뜻하게 데워 곁들인다.

토막지식

영국에서 통조림은 제1차 세계 대전 동안 군대식으로 활용되고 이후 일반 시민들에게도 보급되었다. 그러나 1920년대 초 영국 내 통조림 제조업체는 불과 세 곳이었기에, 대부분은 미국에서 수입된 제품이었으며 영국산은 그린피스가 주를 이뤘다고 한다. 그 후 1930년대 영국에서도 통조림 제조업체가 80곳 이상으로 늘어났고, 대부분의 채소를 통조림으로 가공하게 되었다.

만들어졌다. 그 후 1813년 시험적으로나마 통조림은 영국 육·해군에 납품되었다. 뭣보다 가장 통조림이 발달한 것은 오히려 미국이었는데, 영국도 미국제를 수입하기는 했으나 제1차 세계 대전 중에 영국의 가공육 업자(Palethorpe's)가 통조림 가공육을 영국 육군에 납품, 이후로 영국군에서는 이 회사 제품도 사용하게 됐다.

컴퍼스 로즈는 어느 항해에서나 5일분의 빵, 생소고기, 야채, 그 외에도 소시지와 스튜 등의 통조림을 싣고 있었다. 게다가 건빵과 홍차가 세 끼 식사마다 나왔다고 한다. 일본에는 잘 알려져 있지 않지만 영국의 소시지는 의외로 종류가 여럿이었는데, 그것들에 곁들여 먹는 것으로는 오래 보존하기 용이해 해군에서 애용하는 감자를 많이 사용했다. 소함 콜벳의 사관실에서 식사를 하는 사관은 불과 3~4명. 조리가 간단한 삶은 감자를 곁들인 통조림 소시지는 '하찮은' 요리라도 때로는 최고의 진수성찬이 되었을 것이다.

Snorkers! Good-Oh!

Table 31

이탈리아 산악 연대가 우크라이나에서
유대인들에게 제공한

미네스트로네
Minestrone

1942년 7월 이탈리아 육군 제2알피니(산악)사단 '트리덴티나' 제5산악연대 티라노 대대 제46중대를 태운 군용열차는 이탈리아 콜레뇨를 떠나 러시아 전선으로 향하고 있었다. 그러던 중, 장병들은 SS의 감시하에 철로변을 헤매는 유대인들의 모습을 보게 된다. 그런데 누토 레벨리 대위 등은 그 상황을 모르고 있었으므로, 장병들은 우크라이나 스톨프체에서 SS 몰래 굶주린 유대인들에게 따뜻한 음식을 제공했다. 유대인들은 각자 손에 든 빈 통조림 깡통에 야채 수프(미네스트로네)를 한 국자씩 받았다. 레벨리는 젊은 여성으로부터 사정을 듣게 된다. 「지근거리에 절멸 수용소가 있는데 거기서 매일 300명의 유대인이 살해된다고 한다. 내

안에서 무엇인가가 산산이 부서지는 것을 느꼈다…….」 이탈리아 작가 누토 레벨리는 『Le due guerre』에서 이렇게 말했다.

오늘날 이탈리아 음식을 대표하는 토마토 맛 수프로 널리 알려진 미네스트로네는 보통 콩류나 양파, 샐러리, 양배추, 피망, 시금치, 당근, 감자 등의 채소를 중심으로 종종 파스타나 쌀도 넣어 만들어진다. 무엇보다, 이탈리아에 토마토나 감자가 전해진 것은 16세기 중엽이다. 그러므로 미네스트로네는 17~18세기에 일반화되었다고 한다.

하지만 그 기원은 로마 제국 시대, 그것도 고대 로마까지 거슬러 올라간다. 고대 로마에서는 스펠트밀(밀의 원

이탈리아군은 1941년 7월부터 1943년 2월까지 총 13개 사단을 동부전선에 파병했다. 이 군부대의 자질은 옥석혼효로, 대단히 용맹한 부대 일부와 대다수의 전의 낮은 부대가 섞여 있었다. 게다가 이탈리아군은 전차를 다수 보유한 소련군에 대항할 강력한 전차와 대전차포가 현저히 부족하고 방한 군장의 질도 열악하다는 점이 발목을 잡고 있어서 이 군 장병들이 전쟁에 염증을 느끼게 했다. 그런데 유대인 문제에 관해 이탈리아인들은 당시 독일인들처럼 철저한 차별 의식이 박혀 있지 않았다.

토막 지식

온난한 기후 환경 덕분에 다른 유럽 지역보다 채소가 풍부했던 이탈리아는 채소를 많이 사용하는 요리가 많다. 하지만 중세에 있어 미네스트라(비빔 야채 수프)는 귀족이나 부유한 시민 등으로부터 농민의 야채 요리로서 업신여겨지고 있었다. 그러나 그런 농민 요리도 마침내 귀족의 요리로 받아들여져 세련되어 오늘에 이르고 있다.

recipe

미네스트로네

●재료(약 6인분)
- 흰 강낭콩(건조) 150g
- 버터 50g
- 샐러리 1줄기
- 당근 1줄기
- 감자 2~3개
- 토마토 2개
- 애호박 1개
- 염장 돼지고기 약 70g
- 쌀 1컵 남짓
- 마늘 한 쪽
- 물
- 월계수 잎 2장
- 파슬리 2줄기
- 소금
- 후추

●만드는 법
① 흰강낭콩(건조)은 물에 담가 둔다.
② 샐러리, 당근, 애호박은 깍둑썰기, 양파는 거친 다지기, 토마토는 깍둑썰기를 해서 넣는다. 염장 돼지고기는 깍둑썰기한다.
③ 깍둑썰기한 염장 돼지고기를 바삭해질 때까지 볶아 분리한다.
④ ③ 냄비에 다진 마늘을 볶는다.
⑤ ④ 잘라낸 야채를 넣고 볶다가 익으면 토마토도 더한다.
⑥ ⑤에 물과 물에 불린 말린 콩, 쌀, 월계수 잎, 파슬리 줄기를 넣고 1시간 정도 끓여 소금, 후추로 간을 맞춘다.
⑦ 월계수 잎, 파슬리 줄기를 제거한다.
⑧ 파슬리 다진 것을 뿌리고 다진 치즈를 곁들여 제공한다.

종)이나 곡류를 가루로 빻아 소금에 절여 끓인 스프 형태의 '풀스'가 서민의 음식이었고, 여기에 어울리는 채소가 첨가된 적이 있었다고 한다. 후에 빵이 등장하고 나서야 밀가루를 넣지 않게 되어 야채와 콩류 등을 푹 끓인 야채 수프인 미네스트라가 되었다. 참고로 미네스트라는 야채 수프만을 가리키는 것이 아니라 파스타나 쌀 요리의 총칭으로, 건더기가 듬뿍 들어간 수프를 미네스트로네라고 부르게 되었다.

그러한 배경 덕에 미네스트로네는 농촌 등의 시골을 근간으로 두고 있으며, 그 맛은 지역 또는 집집마다 달라 토마토가 들어가지 않는 것도 있다. 말하자면 일본의 된장국과도 가까운 존재다. 육즙이나 육편이 들어간 것은 1900년대가 되어도 농민이나 일반 시민에게 있어서는 진수성찬이었다고 한다.

스톨프체에서 만난 유대인들은 죽을 만큼 굶주린 상태였다고 누트 레벨리는 서술했다. 그때 따뜻한 미네스트로네의 효과는 상상하기 어렵지 않다.

Table 32
스탈린그라드에서 독일-소련군이 나눠 먹은
말고기 타르타르 스테이크
Steak tartare

 1942년 겨울 스탈린그라드 시가지에서 싸우던 독일 육군의 한스 슈미트케 상병(애칭 크네젤)은 근처에서 소련군 돌격반에게 습격당해 궤멸한 포병중대가 만마부대라는 정보를 들었다. 당시 그는 고기는 일주일에 한 번 정도밖에 먹지 않았다. 그것도 묽은 국물 속에 작은 덩어리가 떠 있는 것이었다. '말은 가축의 고기다'라고 생각한 크네젤은 포병중대가 궤멸한 현장에 가서 간신히 숨만 붙어 있던 말을 해체해 고기를 눈 구덩이에 파묻고는 약 30파운드의 말고기를 자루에 담아 독일군의 부상자 수용소로 향했다.
 그러다 소련군 오장 칼료린을 돕게 된다. "배고픈가?" 칼료린은 주머니에서 오래된 빵 조각 두 개를 꺼냈다. 그래서 크네젤은 말고기를 꺼냈다. 그러자 칼료린은 말고기 조각을 접어 칼로 얇게 썰었다. 그리고는 목재 위에 말고기 조각을 올려놓고 더 잘게 썰었다. "이것 참 훌륭하군. 썬 고기로 다짐육을 만든 건가?" 두 사람은 다진 고기를 각각 1파운드 정도 먹었다. 『Das Herz der 6. Armee』에서 묘사된 한 장면이다. 이 책은 저자 Heinz G. Konsalik가 제2차 세계 대전 당시 동부 전선을 전전할 적의 경험을 바탕으로 쓴 장편 소설이다. 소설이자 스탈린그라드 공방전의 모습을 묘사한 수작으로 알려졌다.
 그런데 이 다짐육으로 만든 말고기가 바로 타르타르 스테이크다. 타르타르 스테이크는 과거 중앙아시아에서 유라

▲동부전선에서 죽은 말의 고기를 잘라내려고 하는 시민. 1942년 2월. 역시 스탈린그라드전에서는 죽은 가축에 더해 개나 고양이까지 잡아먹을 정도였다고 하는데, 포위하의 레닌그라드에서는 죽은 사람을 먹기도 했다고 전해진다.

스탈린그라드에서 포위된 독일병의 식량 부족은 장병들의 사기와 체력에 영향을 주는 문제였다. 사진은 1943년 1월 31일 소련군에 항복한 제6군사령관 파울루스 원수. 이 전날 히틀러는 그를 원수로 승진시켰는데, 과거 독일군 원수 중 사로잡힌 예는 없었으니 포로가 되기보다 자결하라는 암묵적인 요구도 섞인 승진이었다고 한다.

recipe

말고기 타르타르 스테이크

●재료(2인분)
생식용 말고기 200g
계란노른자 2개분
마늘(다진 것) 두 쪽
양파(다진 것) 약 30g
파슬리(다진 것) 큰 컵으로 2컵
케이퍼 10~15알
소금 적당량
검은빵 적당량
버터 적당량

●만드는 법
①생식용 말고기를 다진다.
②1인분을 접시에 담고 가운데을 우묵하게 만들어 노른자 1개를 올린다.
③소금, 케이퍼, 다진 마늘, 양파, 파슬리를 별도의 접시에 담아 곁들임으로 낸다.
④②와 ③을 각자의 취향에 맞게 섞는다.
⑥버터를 바른 흑빵과 함께 먹는다.

토막지식

타르타르 스테이크는 생소고기 혹은 말고기를 거칠게 다진 후 소금, 후추, 양파, 마늘 등의 조미료과 양념을 섞어 조리한다. 노른자를 곁들이기도 한다. 국가나 지역, 요리사에 따라 다양한 응용 버전이 있지만, 세계적으로는 소고기를 사용하는 경우가 많다. 독일의 발상지인 햄버그는 이 타르타르 스테이크를 구운 것이 유래라고 한다.

시아를 영토로 삼은 타타르인의 말고기 요리에서 유래했다는 것이 일반적인 견해다. 몽골제국의 유목민들은 원정 시에 말을 많이 거느리며 승용 외에 식량으로도 이용했다고 한다. 그러나 승용 말고기는 단단하기 때문에 잘게 썰어 자루에 넣고 안장 밑에 두어 말을 타닐 동안 부드러워지게 해서 먹었다고 한다. 이것이 유럽 전역에 전파되었다. 하지만 많은 지역에서 말은 사역 동물이자 때로는 도우미가 되는 동물이기 때문에 식육으로는 소가 많이 사용되었다. 그래서 말고기를 먹는 국가와 지역이 매우 한정적일 수밖에 없었다.

독일에서도 기본적으로 말고기는 잘 먹지 않는다. 근대사에 기록된 바로는 한창 전쟁 중일 때와 전쟁 전후의 식량난 무렵에 시민에게도 말고기 배급이 행해진 게 고작이다. 그래서 크네젤은 말도 가축의 고기라고 타협하고, 칼로린이 능숙한 손놀림으로 만든 전장의 타르타르 스테이크(다짐육으로 만들었을 뿐임에도)에 감탄했을 것이다.

더구나 크네젤이 구덩이에 숨긴 말고기는 이후 스탈린그라드에 고립된 독일 병사들의 식량이 됐다.

Table 33

무솔리니의 마지막 아침 식사
폴렌타와 살라미
Polenta

1945년 4월 28일 베니토 무솔리니와 그의 애인 클라라 페타치(애칭 클라레타)가 처형됐다. 두 사람이 파르티잔에게 붙잡혀 공정한 재판도 거치지 않은 데다가 애인까지 함께 처형되었다는 사실에 국제적인 비난이 일게 되면서, 전후 그의 처형에 관한 정보가 혼선을 빚게 되었다고 한다.

그에 관해서는 이탈리아 근대사 연구를 전문으로 한 기무라 히로시의 저서 『누가 무솔리니를 죽였는가 이탈리아 파르티잔 비사』(1992년, 고단샤)에서 자세히 다루고 있다. 이 책에 따르면 파르티잔에게 붙잡힌 무솔리니와 클라레타의 신병은 이탈리아 북서부 롬바르디아 주의 코모호 서안에 자리한 아차노 마을의 줄리아노 디 메체그라 데 마리아의 집에 맡겨졌다.

이는 28일 새벽 5시경의 일이었는데, 11시경에 아침 식사가 제공되었다. 「아침 식사는 폴렌타, 살라미, 우유였어요. '그 외에 더 필요하신 게 있나요?'라고 물으니 두체(대통령이라는 의미로, 무솔리니를 가리킨다)께서 '아니, 고맙다'라고만 하시고는 스스로 살라미를 약간 먹었고, 저는 우유나 폴렌타, 살라미를 클라레타에 줬습니다.」라는 해당 민가의 주부 마리아의 이야기를 들었다고, 저자는 현지를 취재한 내용을 책에 썼다.

폴렌타는 옥수수가루에 물과 수프를 넣고 불에 올려 반죽한 북이탈리아, 특히 롬바르디아 지방의 전통음식이다.

무솔리니와 함께 처형된 클라라 페타치. 그녀는 평범한 무솔리니와 함께 붙잡혀 처형을 피할 수 있었지만 무솔리니와 함께 붙잡혀 처형을 택했다.

무솔리니는 1943년에 실각해 체포·감금되었다가 독일에 의해 구출되었고, 북이탈리아에 세워진 나치 괴뢰국인 이탈리아 사회공화국의 대통령으로 취임해 연합군과 계속 싸웠다. 사진은 1945년 초 브레시아에서 알피니(산악부대) 소년병을 격려하는 모습.

recipe

폴렌타

● 재료
옥수수 가루(폴렌타 가루) 500g
물 2~2.5ℓ
소금 1~2작은술
버터 50g

● 만드는 법
① 끓는 물에 소금과 폴렌타 가루를 넣고 뭉치지 않게 저으며 약불로 가열한다.
② 쫀득쫀득해질 때까지 눌어붙지 않도록 약불에서 계속 젓는다. 입자가 굵은 폴렌타 가루를 사용했을 때 기준으로 40분에서 1시간 정도면 완성된다.
※ 폴렌타 가루는 입자가 굵은 것과 고운 것이 있다. 상품 설명에 맞춰 조리하도록 한다.

토막지식

옥수수는 가축의 사료로도 이용되었기 때문에 흔히 하층민의 식량으로 간주되었다. 하지만 특히 17~18세기 이탈리아의 혹독한 식량 위기 시대를 구제한 것이 옥수수다. 폴렌타는 1시간 내외로 끓여서 죽 형태로 만들어 치즈나 소스를 뿌려 먹는 것 외에 고기나 생선 요리의 곁들임으로도 제공된다. 식혀서 굳힌 것을 굽기도 한다. 북이탈리아에서는 브라마타 가루(굵게 간 폴렌타 가루), 중부와 남부이탈리아에서는 피오레트 가루(깨끗하게 간 폴렌타 가루)가 사용되는 경우가 많다고 한다.

옥수수가 유럽에서 재배되기 시작한 건 1492년 콜럼버스가 아메리카 대륙을 '발견'해 유럽에 들여온 이후부터다. 생산성이 높아 옥수수는 16세기 중반에 지중해 연안 일대에 퍼졌고, 이탈리아에서는 먼저 베네치아 지방에서 재배되어 북이탈리아 전역으로 퍼져 나갔다. 그리하여 농민들의 식사로 옥수수로 만든 노란색 폴렌타가 활용되었다고 한다.

참고로 고대 로마에서는 빵이 등장하기 이전에 보리를 죽 형태로 만들어서 먹었다고 하는데, 그것이 폴렌타의 기원이라고 한다. 실제로 이탈리아뿐만 아니라 유럽 각지에서 보리, 메밀, 좁쌀, 렌즈콩, 애기장대 등 여러 가지 곡물을 죽의 형태로 끓여 먹어온 역사가 있다.

롬바르디아 지방은 각종 축산품도 생산되는 먹거리 풍부한 땅으로, 무솔리니와 클라레타가 마지막 시간을 보낸 집은 삼 층짜리의 제법 큰 농가였다고 한다. 이곳에서 준비된 두 사람의 마지막 아침 식사는 농가 주부 마리아가 당시 할 수 있는 최대한의 대접이었음에 틀림없다.

Table 34

U보트 함내에서 맛본 조국의 맛
훈제 청어
Bückling

1986년 개봉한 전쟁영화 『특전 유보트』는 동명의 원작(Lothar G. Buchheim 저)과 마찬가지로 세계적으로 높은 평가를 받는 명화다. 주임무인 연합국 수송선단 공격 등 전투가 없는 한 담담하게 반복되는 U보트의 함내 일상을 생생하게 담았는데, 함장들의 식사 장면도 흥미롭다.

멕시코 태생으로 히틀러유겐트를 거쳐 해군사관으로 임관한 중위는 고지식한 성격 탓에 화기애애한 함내 분위기에 섞여들지 못하는 인물이었다. 그러던 어느 날의 식사 시간, 식사 예절에 철저한 그는 나이프와 포크를 능숙하게 다뤄 사탕빛을 띤 생선 한 마리의 대가리를 떼고 속살을 말끔히 발라냈다. 그때 먹던 생선이 훈제 청어다.

독일에서 생선은 육류에 비해 활용 범위가 좁다. 그렇다고는 하나 북독일에서는 북해나 발트해의 물고기, 이를테면 청어나 고등어, 대구, 연어, 가자미류를 자주 먹어 왔다. 그중에서도 청어는 독일인들이 선호하는 생선이어서 염장, 초절임 그리고 훈제로 사람들 사이에 유통되어 왔다.

훈제는 예로부터 세계 각지에서 행해 온 보존 방법이다. 훈제 기술은 석기시대에 자연발생적으로 생겼다고 하는데, 일설에 의하면 염장해 훈제한다는 현재의 훈제법은 고대 로마 시대의 게르만족에 의해 시작되었다고 한다.

그리고 만드는 방법에 다소 차이가 있기는 하나 청어 훈제는 독일뿐만 아니라 영국이나 스웨덴, 네덜란드 외 북유

밀폐 공간인 U보트에서 화재는 최악이다. 그 위험을 줄이고자 조리기구는 전기 스토브만 사용했다. 그래서 직화가 필요 없는 조림이나 불을 쓰지 않는 요리 위주로 식단이 짜였다. 훈제는 보존성이 뛰어난 데다 그대로 먹을 수도 있기 때문에 통조림류 다음으로 편리했다. 그래서 철갑상어, 고등어, 가자미, 훈제 등도 U보트에 실렸지만 좀 더 편리성과 보존성을 높이고자 한 입 크기로 자른 훈제 생선을 해바라기유에 절인 생선 훈제 식용유 절임 통조림도 호평을 받았다고 한다.

recipe

훈제 청어

●재료
청어 4마리

〈소뮈르 소스〉
물 1000cc
소금 150g
설탕 70g
후추 적당량
육두구 적당량
클로브 적당량
타임 적당량
월계수 잎 적당량

●만드는 법
①소뮈르 소스 재료를 냄비에 끓여 식혀 둔다.
②청어를 손질한다(아가미, 비늘, 내장, 핏줄을 제거해 물로 헹구고 물기를 닦아낸다).
③비닐봉지 따위에 ①과 ②의 청어를 담아 하룻밤 냉장고에 재운다.
④이튿날 청어를 흐르는 물에 씻은 후 물에 1~2시간 담가 소금기를 뺀다.
⑤소금기를 뺀 뒤 통풍이 잘 되는 곳에 매달아 4~5시간 정도 말린다.
또는 트레이에 청어를 나란히 놓아 냉장고에 반나절 동안 보관해도 된다.
⑥청어를 훈제기에 넣고 3시간 정도 훈제한다. 표면이 황금색이 되면 완성.
※ 사용하는 훈제기에 따라 온도와 시간을 조정한다.
⑦훈제 후 10시간 정도 통풍이 잘 되는 곳에 매달아 훈제 냄새를 가라앉힌다.

토막지식

북해나 발트해 연안 지방은 해산물이 풍부한데 특히 청어가 널리 식용되고 있다. 훈제 외에도 소금에 절인 샐러드, 사과와 함께 크림소스에 버무리는 등의 다양한 요리가 있다. 또 군항으로도 알려진 독일 북부 항구 도시 킬에서는 소형 종류의 훈제 청어 요리가 명물이다.

럽 국가에서 예로부터 만들어져 왔다. 참고로 유럽에서 잡히는 청어는 태국 청어(Clupeaharengus)다. 일본에서 볼 수 있는 태평양에 분포하는 청어(Clupea pallasii)에 비해 약간 가늘고 복부 비늘 모양이 조금 다르지만 육질은 거의 같다. 이것을 통째로 소금에 절인 후 훈제한다. 그러면 보존이 용이해져 한번 항해에 나가면 한동안 귀항할 수 없는 U보트에서도 식량으로 십분 활용되었다.

훈제 청어는 염도가 높아 소금기를 뺀 후에 조리하곤 했지만, 식수가 부족한 U보트에서는 그냥 조리하는 경우가 많았던 것 같다.

영화 속 청년 중위는 양념이자 비타민 공급원인 레몬즙을 훈제 청어에 듬뿍 뿌려 감자와 함께 입에 넣는다. 반면 옆에 앉은 다른 사관은 청년 중위를 비웃기라도 하는 듯 투박한 손으로 직접 훈제 청어를 뜯어먹는다. 혹독한 U보트 함내 생활의 쉼표가 되는 식사 시간을 훌륭하게 재현해 담은 한 장면이다.

Table 35
노르망디 상륙 전날 밤 '훔쳐 온'
후르츠 칵테일
Fruit cocktail

1944년 6월 6일 노르망디 상륙 전날 밤, 연합군 상륙부대가 탄 각 배에서는 이날 밤만큼은 가급적 훌륭한 요리를 내놓을 준비를 했다. 그러나 거친 바다에서의 뱃멀미로 수 개월 만의 훌륭한 식사를 놓친 사람도 많았다고 한다. 그 와중에도 멀쩡한 병사들도 물론 있었다. 「제5특별공병여단의 키스 브라이언 조장도 마찬가지여서 샌드위치와 커피를 여분으로 챙겼지만 그래도 아직 배가 부르지 않았다. 그러던 차에 동료 하나가 취사실에서 후르츠 칵테일을 1갤런 '훔쳐' 왔고, 그것을 넷이서 비웠다.」(Cornelius Ryan 저, 『The Longest Day』에서 발췌)

제2차 세계 대전 중 미국에서는 인체에 필수적인 비타민류의 섭취를 위해 과일을 먹는 게 장려되었는데, 군대에서도 과일은 매일 공급되어야 할 식량으로 꼽히고 있었다. 그래서 활용된 것이 '후르츠 칵테일' 통조림이다.

원래 미국에서는 19세기 중엽에는 열대 과일을 포함한 여러 종류의 과일에 주스를 비롯한 달콤한 시럽 따위의 액상 소스를 뿌린 '후르츠 샐러드'를 전채나 디저트로 먹곤 했다. 특히 과일을 깍둑썰기해 설탕과 꿀, 각종 리큐르 등의 알코올과 섞어 잔에 담은 것이 과일 칵테일로 알려지게 됐다. 그러다 금주법 시대(1920~33년)에 알코올을 뺀 것이 만들어졌다고 일반적으로 알려져 있다. 이리하여 무알코올 액상 시럽 절임으로 만든 게 '후르츠 칵테일'이란 이름으

노르망디 해안에서 연안 접근로를 건설 중인 미국 육군 전투공병. 육군은 대규모 상륙작전을 위해 지뢰와 장애물 제거, 인프라 구축을 주임무로 하는 특별공병여단을 편성했다. 이에 관해 영국 육군은 샤먼 클럽 지뢰제거 전차와 장애물을 파괴하기 위한 대구경 스피고트포를 탑재해 폭파 작업용이나 지뢰원 처리용의 각종 어태치먼트가 장착 가능하고 간이 가설교의 부설 등도 할 수 있는 처칠 AVRE 공병 전차 등을 개발·투입했다. 「기계화」를 통해 사람이 직접 해야 하는 중노동을 경감하고 인적 피해의 삭감을 도모했다.

토막지식

통조림의 보급으로 제2차 세계 대전 중에 편리하게 사용된 후르츠 칵테일은 베트남 전쟁 시에는 통조림 중심의 C레이션으로, 현대의 MRE레이션에서는 냉동 건조한 것이 중용되었다. 이와 같이 후르츠 칵테일은 미군에 있어 대중적인 식량으로 간주되고 있다.

recipe

후르츠 칵테일

시판 중인 시럽 절임 과일 통조림 각각을 사용한다. 과일은 필요에 따라 한 입 크기로 자른다. 시럽도 그릇에 담고 기호에 따라 화이트와인, 럼 등의 취향에 맞는 알코올을 적당량 첨가해 차갑게 한다. 소다수를 첨가하면 산뜻한 맛이 난다.

프레시 후르츠 칵테일

●재료
황도
서양배
포도
체리
파인애플
라즈베리
오렌지
자몽
키위 후르츠
그 외 좋아하는 신선한 과일을 적당량

〈시럽〉
물　200ml
그래뉴당　120g
레몬즙　40ml
오렌지 주스 또는 화이트와인　100ml

●만드는 법
①시럽을 만든다. 끓인 물에 그래뉴당을 넣고 녹인 뒤 식혀서 오렌지 주스와 레몬즙을 넣고 냉장고에서 식힌다. 알코올이 들어간 것을 좋아한다면 오렌지 주스 대신 화이트 와인을 넣어도 된다.
②신선한 과일을 먹기 좋은 크기로 잘라 ①의 냉장고에서 1시간 정도 식혀서 완성.

로, 특히 통조림으로서 사랑받게 되었다.

통조림 과일 칵테일에 들어가는 과일은 기본적으로 황도, 배(주로 서양배), 포도, 체리 등이다. 이들 미국 본토산 과일 외에 하와이에서 다량으로 수확되는 파인애플이 첨가되는 경우도 많았다. 또 군에 납품되는 통조림에는 당연히 알코올이 포함돼 있지 않았으나, 전장의 장병들은 반입하거나 현지에서 조달한 다양한 알코올류를 과일 칵테일에 부어 먹기도 했다.

대규모 노르망디 상륙작전에서는 영미 수송선에 영미 부대가 혼재해 타는 경우도 적지 않았다. 또한 굳이 말할 필요도 없이 당시 식량의 대부분은 미군으로부터 공급되고 있었다. 고통스러운 뱃멀미와 앞으로 시작될 싸움의 공포가 뒤섞인 수송선 속에서 그나마 배불리 먹을 수 있었던 음식은, 몇 시간 후 병사들이 맞닥뜨리게 될 참극을 앞에 두고 느낀 한때의 행복이었을 것이다.

요리의 배경을 자세히 알고 싶으신 분들을 위한
관련 도서·영화 가이드

이 책에서 소개한 요리의 대부분은 출처가 된 서적이나 영화가 존재합니다.
이 페이지에서는 세계 각국을 아우르는 그 출처들에 관한 내용을 간단히 소개하겠습니다.
이 책의 '보고, 읽고, 만들고, 배운다'라는 4개의 테마 중 '배운다'의 참고가 되면 좋겠습니다.

●해설／시라이시 히카루

도서 12페이지
Schwerer Kreuzer ADMIRAL SCHEER
- Theodor Krancke, H.J. Brenneke (저)
- 이토 테츠 (역)
- 하야미카와쇼보

아드미랄 셰어의 함장 크랑케 본인도 집필에 참여한 걸작 해양전기. '선단을 호위하는 순양함보다 강력하고, 자신보다 더 강한 전함이 출현했을 땐 빠른 속도를 활용해 도망친다'라고 전쟁 전 독일이 선전한 대로의 실제 포켓전함의 활약상을 그렸다. 최근에는 포켓전함을 어중간한 배라고 주장하는 견해도 있지만, 본함이나 『슈페』의 활약이 현실이다.

영화 10페이지
댐 버스터 The Dam Busters
- 1955년
- 영국
- 124분

유명한 『에스케이프』와 더글러스 바더의 전기 『하늘을 향하여』의 저자이기도 한 폴 브릭힐의 논픽션을 영화화한 작품. 리처드 토드 주연. 도약폭탄 『업키프』를 사용한 독일 본토의 댐 파괴 작전인 『차스타이즈』를 다뤘다. 또한 에릭 코츠의 명곡 「댐 버스터즈 마치」의 원곡은 「영국 제8군 마치」다.

도서 20페이지
Stalin: The Miraculous Georgian
- J. Bernard Hutton (저)
- 키무라 히로시 (역)
- 고단샤

종종 붉은 독재자로도 불리는 스탈린. 대숙청이나 독소전에서 방대한 인원의 아군 장병과 자국민에게 희생을 강요하면서도 태연하기만 한 냉혹하고 무자비한 옆모습. 한편, 의외로 섬세한 내면이나 가족과의 관계 등을 담은 명저. 소련 공산당 수뇌부와 친분이 있었던 버나드 허튼이 직접 저술한 책답게 매우 흥미로운 내용이 담겨 있다.

영화 18, 74페이지
특전 유보트 Das Boot
- 1981년
- 독일
- 149분 (디렉터즈컷 208분)

제2차 세계 대전 중 독일 해군 보도 부대 소속 보도 화가로서 U보트 등에 탑승해 취재를 한 로타르 귄터 부흐하임 중위의 저작물을 영화화한 작품이다. 일본에서는 영화판이 수입되었으나 본래는 총 6화, 약 300분 분량의 TV시리즈로 제작되었다. 해당 시리즈가 호평을 받은 덕분에 2018년과 2020년에 각각 속편 시리즈가 방영되었다.

도서 24, 102페이지
니미츠
- E. B. Potter (저)
- 난고 요이치로 (역)
- 후지출판사

아나폴리스 해군사관학교에서 해군사 연구가로 교편을 잡았던 엘머 벨몬트 포터의 역작. 저자가 니미츠와 공동으로 병학교 교과서를 집필한 적도 있다 보니 '인간 니미츠'를 알고자 하는 이에겐 굴지의 책이라고 할 수 있다. 게다가 니미츠 뿐만이 아닌 미국 태평양 함대와 관련된 상층부의 사람들의 면면도 조금씩 다루고 있어 흥미롭다.

도서 22페이지
Il sergente nella neve
- Mario Rigoni Stern (저)
- 오오쿠보 아키오 (역)
- 소시샤

제2차 세계 대전 후 작가가 된 마리오 리고니 스텔른은 젊은 시절 중사로서 동부 전선에 파견돼 소련군은 물론 혹한과도 싸웠다. 온난한 지중해 연안에서의 작전 수행을 상정한 이탈리아군의 방한 장비는 '러시아의 동장군'을 못 견뎌냈고, 추위에 익숙한 적의 공격에 패주했다. 당시의 경험을 바탕으로 '전장에 내던져진 병사'의 비애를 다룬 명저다.

도서 30、38페이지
Battleship Warspite

V. E. Tarrant (저)
이하라 유지 (역)
문헌춘추

옛 영어로 전쟁을 경멸한다는 뜻의 함명을 부여받은 워스파이트는 첫 전투인 유틀란드 해전에서 키 고장을 일으킨 이래로 키 고장이 버릇이 돼 버렸다. 제2차 세계 대전 발발시에는 함령이 오래된 탓에 올드 레이디라는 별명으로도 불렸고, 노르망디 상륙 작전에서는 함포 사격을 실시했다. 그런 본함의 발자취를 알기에는 안성맞춤인 한 권이다.

도서 28페이지
Unlikely Liberators: The Men of the 100th and 442nd

Duus 마사요 (저)
문헌춘추

제2차 세계 대전 당시 이민자의 나라 미국은 독일계와 이탈리아계 자국민은 강제 수용소에 보내지 않았지만 일본계만큼은 피부색에 따른 인종 차별이 일상적이었던 당시 시대상의 영향으로 일가족 모두가 강제 수용소에 보내졌다. 그래서 일본계들은 미국에 충성심을 증명하고자 자원 입대해 용감히 싸웠는데, 이런 복잡한 배경을 알 수 있는 명저다.

도서 34、60페이지
Gallipoli

Alan McRae Moorehead (저)
오기 타다시 (역)
후지출판사

호주 출신의 저명한 언론인 앨런 맥클레이 무어헤드가 저술해 더프 쿠퍼상을 수상한 명저. 극초기의 수륙양용작전인 갈리폴리 상륙작전에서의 영국연방군 상층부의 실수나 우행, 그것에 농락당하면서도 분전을 계속하는 현장 부대, 실패로 끝난 동작전의 전말과 그 속사정을 기록한 일본에서는 몇 안되는 저서다.

영화 32페이지
다운폴 Der Untergang

2004년
독일, 이탈리아, 오스트리아
156분

1945년 4월 말 소련군은 천년 제국의 수도 베를린으로 다가왔다. 히틀러는 총통 관저 안뜰의 지하 벙커에 틀어박혀 그곳에서 자결했다. 요아힘 페스트의 저서와 히틀러의 비서였던 트라우들 융게의 회상록을 바탕으로 사실에 입각한 시나리오를 구성, 히틀러를 연기한 브루노 간츠의 명연기도 높이 평가받은 걸작이다.

도서 40페이지
Geschichte des U- Bootkrieges 1939 - 1945

L´eonce Peillard (저)
나가츠카 류지 (역)
하야카와쇼보

주로 해군 관련 저술로 알려진 레옹스 페야르가 직접 쓴 2차 세계 대전 중 실제 잠수함의 활약상을 그린 명저. 집필 시기가 오래돼 숫자나 사실 관계가 다소 의심스럽기는 하나, 전쟁 경험자 대부분이 사망한 후에 역사적 사실을 뒤집어 주목 받고 싶어하는 저술물과는 다르게 당사자로부터 얻은 '삶'의 이야기에 근거한 기술이 훌륭하다.

도서 36페이지
Ivan's War: life and death in the Red Army, 1939–1945

Catherine Merridale (저)
마츠시마 요시히코 (역)
시로미즈샤

치열했던 독소전의 실상과 자국 장병을 향한 적군 상층부의 비정한 처사와 처우, 때론 무정하고 때론 훈훈한 전장에서의 일화 등 제2차 세계 대전하의 소련군 전선 부대와 하급 장병의 실상을 장병들의 증언과 회고를 바탕으로 서술한 역작. 이책을 통해 타국에 비해 민군 양쪽에서 월등히 많은 희생자가 발생하게 된 소련만의 사정을 알 수 있다.

도서 46페이지
Die Straße von Messina: Tagebuch des Kommodore

Johannes Steinhoff (저)
코노 시로 (역)
하라쇼보

연합군의 이탈리아 침공 이래로 이 전역의 총사령관은 공군 소속 알베르토 케셀링크 원수가 맡았다. 그 영향으로 이탈리아에선 항공 부대나 공군 지상 부대인 헤르만 괴링 사단 등이 활약했다. 해당 지역에서 전투 항공단을 이끈 에이스 슈타인호프의 회고록은 '현장을 겪은' 자만이 말할 수 있는 '하늘 전장의 진실'이 담겨 있다.

도서 44페이지
Saint-Exupéry, l'ultime secret: Enquête sur une disparition

jacques pradel, luc vanrell (저)
카미오 켄지 (역)
료쿠후출판

1944년 7월 31일 생텍쥐페리는 남프랑스 방면을 정찰하러 애기 록히드 F-5A 라이트닝(정찰형)을 타고 코르시카 섬을 떠났으나 비행 중 지중해 상공에서 연락두절이 된다. 독일기에 격추된 것이다. 그 생텍쥐페리의 발자취를 끈길기게 조사함과 동시에 그의 성장과정과 인품도 다룬 귀중한 수작이다.

79

영화 54페이지
전함 포템킨
Battleship Potemkin

- 1925년
- 러시아
- 75분

붉은 군대에서 군무에 종사하며 그즈음 일본어도 익힌 소련 영화계의 거장 세르게이 에이젠슈타인이 메가폰을 잡은 역사적 걸작. 제1차 러시아 혁명 20주년 기념작으로 제작되었다. 『오데사의 계단』으로 알려진 러시아 시민 학살 씬이나 흑해 함대의 함정 대부분이 포템킨의 반란에 동조했다는 등의 이데올로기를 위해 자극적으로 연출된 내용도 있다.

도서 52페이지
Tant que dure le jour

- Susan Travers (저)
- 다카하시 카나코 (역)
- 신초샤

저자 수잔 트래버스는 런던 태생이지만 10대 무렵에 가족과 함께 남프랑스로 이주, 제2차 세계 대전이 발발하자 간호사로 프랑스 적십자에 가담했다. 그리고 핀란드에서 활동한 뒤 프랑스 외인부대에 입대해 아프리카와 유럽을 전전했는데, 레종 도뇌르 훈장과 전공장을 받은 본인의 여성 종군을 담은 귀중한 회상록이다.

도서 58페이지
Day the Red Baron Died

- Dale M. Titler (저)
- 난고 요이치로 (역)
- 후지출판사

군용 항공기 여명기의 제1차 대전 때, 기병 사관에서 전투기 파일럿으로 돌아선 젊은 에이스의 삶과 죽음의 이야기. 아직 기사도 정신이 전쟁터에 살고 있던 동대전 초기부터 살벌한 국가 총력전의 무용지물 싸움으로 변모한 동대전. 변화하는 시대를 뚫고 진홍빛으로 칠한 애기와 함께 유성처럼 전화에 흩어진 자랑스러운 인물상이 활사된 명저.

도서 56페이지
여왕폐하 율리시즈호

- 알리스테어 매클린 (저)
- 무라카미 히로키 (역)
- 하야카와쇼보

영국 모험소설계의 거장 알리스테어 매클린의 손에 꼽힐 정도로 견줄 데 없는 해양모험소설. 어디까지나 허구의 이야기이기는 하지만, 일본에는 그 실상이 잘 알려지지 않은 북극해와 러시아 콘보이의 묘사가 훌륭하다. 또한 영국 해군 함정 승조원들의 생활과 분위기의 생생한 묘사는 해군에 관심을 가진 사람 외에도 여러모로 참고가 될 것이다.

도서 66페이지
The Cruel Sea

- Nicholas Monsarrat (저)
- 요시다 켄이치 (역)
- 시세이도

해양모험소설의 본고장 영국에서 손꼽히는 거장 니콜라스 몬사라트가 제2차 세계 대전 중 영국 해군에 입대해 콜벳과 프리깃에서 선단 호위 임무에 종사할 적의 경험과 견문을 바탕으로 묘사한, 지금은 고전이라 할 수 있는 걸작 중의 걸작이다. 대잠 임무에 주안점을 둔 소형 호위함정의 일상 생활 그리고 삶과 죽음의 이야기가 서정적으로 담겨 있다.

도서 64페이지
The Nazi Officer's Wife:
How One Jewish Woman Survived the Holocaust

- Edith H. Beer, Susan Dworkin (저)
- 다나베 키쿠코 (역)
- 코분샤

휘몰아치는 나치당의 조직적인 유대인 배척의 폭풍. 유대계 저자가 크게 차별받다가 온정적인 독일인들의 도움으로 강제수용소에 끌려가 최후를 맞이하는 걸 면하고 두려운 나날을 보낸 끝에 전쟁 말기에는 남편이 독일군 장교가 된다는 이야기. 나치당 지배하의 조직적이고 계획적인 유대인 배척과 그것으로부터의 도피가 생생하게 담겨 있다.

도서 70페이지
Das Herz der 6. Armee

- Heinz G. Konsalik (저)
- 카나모리 세이야 (역)
- 후지출판사

저자는 당초 게슈타포에서 일했으며, 이후 종군기자를 거쳐 군복무 중 동부 전선에서 전투 중 부상을 당한 경력의 소유자다. 이 책에는 실제 스탈린그라드전에서 있었던 일들이 소설의 형태로 담겨 있다. 독일-소련, 처참한 스탈린그라드전의 실상이 치밀하고 흥미롭게 묘사되어 단순한 소설이 아닌 당시의 분위기를 꿰뚫는 책이라고 할 수 있다.

도서 68페이지
Le due guerre

- Nuto Revelli (저)
- 시무라 케이코 (역)
- 이와나미쇼텐

전형적인 파시스트 소년으로 자란 저자는 제2차 세계 대전 당시 사관으로서 동부 전선에서 싸운다. 그러나 전황이 악화돼 소련군과 '러시아의 동장군'에게 패배하고, 간신히 귀국한 후 이번에는 승산 없는 전쟁에 국민을 떠민 파시즘을 몰아내고자 파르티잔 투쟁에 참가해 조국의 재흥을 꾀한다. 매우 이탈리아인다운 변절을 제대로 이해할 수 있는 책이다.

도서 76페이지
The Longest Day

Cornelius Ryan (저)
히로세 마사히로
하야카와쇼보

제2차 세계 대전사의 거장 코넬리우스 라이언이 직접 쓴, 그 유명한 노르망디 상륙 작전을 다룬 명저. 집필 시기가 오래된 탓에 현재 알려진 것에 비해 수적 오류나 사실 관계 검증 부족도 미미하게 발견된다. 하지만 면밀한 취재에 근거한 수많은 증언이 뛰어난 필치와 맞물려 이 책을 무엇과도 견줄 수 없는 책으로 만들었다. '그날'을 알기에 최적의 책이다.

도서 72페이지
누가 무솔리니를 죽였는가
이탈리아 파르티잔 비사

기무라 히로시 (저)
고단샤

파시즘의 창시자 무솔리니는 1943년의 이탈리아 항복에 따라 일단은 구속되나 독일군에게 구출되었고, 재차 괴뢰 정권의 이탈리아 사회 공화국의 수반이 되었다. 그러나 제2차 세계 대전의 종결이 가까워지자 도주했고, 공산계 파르티잔에게 붙잡혀 애인 클라라와 함께 처형되었다. 이 일련의 사건을 신중한 검증에 근거해 그린 역작이다.

도서 98페이지
God Isn't Here

Richard E. Overton (저)
오쿠다 히로시 (역)
고토쇼인

저자는 1943년 7월에 미국 해군에 입대해 위생병 훈련을 받은 후에 해병대에 배속되었다. 그리고 1945년 2월의 이오지마 상륙 작전인 '디터치먼트'에 참전했다. 그 이오지마의 전장은 요란한 총성과 죽어가는 동료들의 절규 그리고 초연과 피비린내나는 냄새에 휩싸인 신이 없는 지옥이었다. 자신의 경험을 바탕으로 그려진 이오지마 전기의 걸작이다.

도서 92페이지
Incredible Victory:
The Battle of Midway

Walter Lord (저)
사네마츠 유즈루 (역)
후지출판사

진주만 공습이나 코스트 워처 등, 태평양 전역에 관한 뛰어난 저술로 알려진 월터 로드가 풍부한 자료와 많은 당사자들의 증언을 모으고 그것에 근거해 구축한, 미국 측의 관점에서 미드웨이 해전을 그린 걸작이다. 현재는 이 책이 집필된 이후에 검증된 사실이나 새로 발견된 기록이 있기는 하나, 제대로 된 플롯과 에피소드는 지금도 귀중하다.

도서 104페이지
나는 일본 병사였다

James Bernard Harris (저)
오분샤

저자는 전후 라디오 방송인 '백만 명의 영어'의 강사가 된 인물로, 일본 국적의 영국과 일본의 혼혈로 육군에 징병되어 중국에 파병되었다. 당시 군에서의 경험을 담은 명저로, 담담한 문체가 술술 읽히는 데다 서양인의 관점으로 당시 일본 육군을 객관적으로 보고 있어서 서구화된 현대 일본인이 당시 일본의 상황을 지켜보는 것 같은 느낌이 든다.

도서 100페이지
미군병사의 태평양전쟁
최전선의 전투

John Hersey 외 (저)
니시무라 켄지 (역)
중앙공론사

저자 존 허시는 중국 텐진 태생으로 제2차 세계 대전 중 언론인으로서 아시아 전장을 취재했다. 이 책은 과달카날 섬, 콰잘렌 환초, 페릴류 섬 등 중부 태평양 섬 지역에서의 사투에 초점을 맞춘 전장에서의 미일 쌍방의 병사들의 실상과 괴로운 전장에서의 생활과 동료의 죽음 등을 다룬 르포 격의 수작이다.

도서 110페이지
하코다 연봉 눈보라의 참극

오가사와라 고슈 (저)

일본 산악사상 손꼽히는 참극인 하코다 설중 행군 조난 사건. 해당 산이 있는 아오모리현 출신 언론인 겸 소설가인 오가사와라 고슈가 당초 5부까지 예정하고 집필에 착수한 혼신의 역작. 6만점이 넘는 방대한 자료를 수집해 분석하고 관계자 취재도 거듭하여 집필한 상세한 내용이 훌륭하다. 안타깝게도 3부 이후는 저자 사망으로 출간되지 않았다.

도서 106페이지
Decision and Dissent:
With Halsey at Leyte Gulf

Carl Solberg (저)
다카기 하지메 (역)
고진샤

일본 연합 함대가 총력을 기울여 출격했음에도 크게 패한 레이테 해전. 당시 전함 뉴저지호의 승무사관이었던 저자가 미국 측의 관점에서 엮은 이 해전의 실상에 관한 분석은 일본 측 기록과 비교해 보면 좀 더 다양한 부분을 알 수 있다. 기술 내용도 꽤 정확한 데다 전기로 읽기도 좋은 걸작이다.

일본 8사단 병사가 선물로 애용한 '바나나 모나카'

에도 시대에 히로사키번의 중심지로 번창한 아오모리현 히로사키시는 1898(메이지 31)년에 일본 육군 제8사단이 창설되며 '군사 도시'라는 별명을 얻었다. 현재의 127호 현도에 해당하는 도미타 대로나 마쓰바라 거리에는 길을 따라 8사단 관련 시설이 늘어섰다고 해서 '사단 거리'로 불리며 북적거렸다고 한다. 그 사단 거리에 1905년에 개업한 이나미야 과자점의 대표는 이렇게 말한다.

"군인들은 바나나 모나카를 히로사키시의 특산물로 여겼고, 다른 부임지로 옮긴 뒤에도 주문하셨습니다. 그만큼 인기를 끌었던 과자죠."

'바나나 모나카'는 히로사키를 중심으로 한 쓰가루 지방 특산품 과자로, 그 이름처럼 바나나 모양 과자 안에 바나나의 향과 맛이 나는 달콤한 팥소가 들어간다. 이나미야 과자점의 주인이 당시만 해도 고급 과일이었던 바나나의 향기에 매료되어 개발해 1913년부터 판매했다. 사단 병사들은 그 과자를 고향에 보내는 선물로 애용했고, 현재 히로사키시에는 이나미야 과자점에서 배운 장인들이 차린 '바나나 모나카' 가게가 여럿 있다. 군사 도시 히로사키의 명과를 여러분도 한번 맛보는 것은 어떨까.

(글/미즈나시 유카)

Gourmet of the military around the world

전투식량으로 안성맞춤이었던 초콜릿

초콜릿은 칼로리가 높고 기호성도 뛰어난 식품이다. 게다가 맛이 강하기 때문에 약물 등을 첨가해도 맛이 나빠지지 않는다는 특징이 있다. 반면 가장 큰 약점은 여름철이나 열대 지방의 고온에 녹거나 성분 분리를 일으키는 점이 꼽힌다.

미군은 초콜릿이 지닌 전투식량으로서의 기능성에 일찍부터 주목하고 있었다. 그래서 미국 최대의 초콜릿 회사인 허쉬에 잘 녹지 않는 초콜릿의 개발을 의뢰했다. 이렇게 탄생한 '녹지 않는 초콜릿'은 1937년부터 미군의 전투식량에 채택되었다.

한편, 나중에 미국의 적국이 되는 독일에서도 1935년에 졸음을 쫓는 효과를 노려 카페인 함유량을 높인 '쇼카콜라' 초콜릿이 개발되었다. '쇼카콜라'는 전투식량으로써만이 아니라 민간에도 많이 보급되었다.

또한 일본에서는 2차대전 말기에 메스암페타민(필로폰)이 들어간 군용 초콜릿을 만들어 카미카제 출격 전에 특공대원들에게 보급했다는 이야기도 전해진다.

(글/시라이시 히카루)

제2장 **아시아 · 태평양**

Table 36
하와이 회담에서의 신선 메뉴
후르츠 샐러드
Fruit salad

파인애플 아래쪽 절반으로 만든 그릇에 담긴 후르츠 샐러드가 루즈벨트 대통령, 니미츠 제독, 맥아더 장군 앞에 놓인다. 디저트거나 혹은 에피타이저(전채)로 나온 걸지도 모른다. 어쨌거나 한 입 크기로 둥글게 도려낸 파파야나 망고, 멜론, 파인애플 등은 한여름의 하와이를 대표하는 열대 과일이다.

1994년 7월 26일부터 하와이에서 개최된 태평양 전략 회담 도중, 오아후 섬 마카라파산에 있는 니미츠의 관저에서 오찬 회동이 이루어졌다. 당시 메뉴에 관해 이야기하자면, 그가 주최하는 회식에서는 반드시 과일이 준비되었다고 한다.

세계 각지에서 예로부터 먹어 온 과일. 그것들을 조합한 '샐러드'라는 스타일은 미국에서는 19세기 중엽부터 볼 수 있었던 것 같다. '후르츠 샐러드'는 담기만 하고 아무것도 뿌리지 않거나, 과즙이나 시럽에 담그거나, 혹은 설탕이나 드레싱을 뿌리는 등의 각종 레시피가 있어서 식사 유형에 따라 에피타이저(전채)나 디저트등으로도 활용되었다.

제2차 세계 대전 중의 미국에서는 비타민류 섭취를 위해 과일을 매일의 식사에 도입하는 것이 장려되고 있었다. 그것은 군대에서도 마찬가지로, 해군의 요리 매뉴얼에서는 과일이 매일 제공되는 게 바람직하다고 여겨져 함정에 생과일, 과일 통조림, 냉동 과일, 건조 과일 등을 상비했다. 특

1944년 7월 26일 하와이 진주만에서. 중순양함 볼티모어 함상에서 담소하는 남서방면 연합군 총사령관 더글러스 맥아더(왼쪽), 미합중국 대통령 프랭클린 루즈벨트(가운데), 태평양 함대 사령장관 체스터 니미츠. 이 하와이 회담은 태평양전략 회의로 열린 것이었지만 대선을 앞두고 자신이 미 전군을 지휘하고 있음을 과시하려는 루즈벨트의 사진촬영여행의 의도도 있었기 때문에 맥아더는 내켜하지 않았다. 그래서 루즈벨트가 볼티모어로 진주만에 도착했을 때 그는 의도적으로 간소하게 차려입은 '최전방에서 싸우는 용장'을 연출했고, 마중도 늦게 나와 자기 자신이 거물로 보이게 연출했다고 한다.

1944년 7월 하와이에서 열린 태평양 전략 회의에서. 미 해군참모총장 윌리엄 레히 제독(가운데), 프랭클린 루즈벨트 대통령, 더글러스 맥아더 장군(앞)에게 전황을 설명하는 체스터 니미츠 제독. 루즈벨트 입장에서 보자면 자신이 최전방에서의 작전 지휘에 관여하고 있는 듯한 분위기를 자아내려는 의도에 걸맞는 컷이라고 할 수 있다.

r e c i p e

후르츠 샐러드

● 재료
파인애플
파파야
망고
멜론
수박
그 외 다른 과일

● 만드는 법
① 파인애플을 반으로 잘라 과육을 도려내어 그릇을 만든다.
② 재료로 쓸 과일을 한입 크기의 구형으로 도려낸다. 전용 도구가 없는 경우에는 계량 스푼 등으로 대체해도 된다.
③ ①의 파인애플 그릇에 담는다.
※ 미국 해군의 『COOK BOOK』에서는 'Fruit Salad'로서 「사과, 파인애플, 오렌지를 한 입 크기로 잘라 양상추와 함께 곁들이고, 먹기 직전에 프렌치 드레싱을 뿌린다」라는 레시피도 소개되어 있다.

히 진주만에선 생과일과 통조림 파인애플이 대량으로 비축되었다. 1900년 전후에 시작된 하와이의 파인애플 플랜테이션이 1940년경에는 전세계 파인애플 생산량의 약 80%를 차지할 정도로 성장했기 때문이다.

덧붙여서, 진주만이 미 해군의 군사 거점이 되는 건 미국과 하와이 왕국 간의 호혜 조약이 체결된 1876년 이후의 일이다. 1887년 조약 갱신에서는 미국은 진주만의 독점 사용권을 획득했고 1900년에 군항으로서 확장 공사를 개시했다.

토막지식

후르츠 샐러드와 비슷한 음식으로 잘게 썬 과일을 설탕, 각종 리큐르로 맛을 낸 후르츠 칵테일이 있는데, 무알코올로 만든 건 미군의 전투양식으로도 채택되었다. 한편 '후르츠 펀치'는 물, 설탕, 과즙, 술, 향신료 등에 각종 과일을 첨가한 음료를 말한다. 미국에서는 주류가 들어가지 않는 레시피가 일반적이다.

Table 37

전함 펜실베니아의 크리스마스 만찬
칠면조 구이
Roast Turkey

1941년 12월 7일(현지 시간), 일본군의 공격으로 진주만의 미국 태평양 함대에 큰 피해가 발생했다. 하와이 해군 공폐 제1건독에 입거 중인 전함 펜실베니아도 피해 함선 중 한 척이었다. 폭탄 한 방이 우현 보트 갑판을 강타해 전사·실종 29명, 부상 38명의 희생이 발생했다.

그러나 함의 손상 자체는 비교적 경미했기에 응급 수리 후 근대화 개수도 겸해 전반적인 수리를 하고자 샌프란시스코를 향해 12월 20일에 출항, 9일 후인 29일에 도착했다. 이 항해 중 해상에서 25일을 맞이한 펜실베니아에서는, 상륙할 수 있는 귀국 직전임에도 모든 승무원에게 크리스마스 만찬이 제공되었다.

후르츠 칵테일로 시작한 메뉴는 올리브와 피클 전채, 크래커를 곁들인 크림 오브 터키 수프, 메인 디쉬는 로스트 영 톰 터키였다. 이린 수컷 칠면조에 지브렛 그레이비 소스와 크랜베리 소스를 곁들인 것이다.

칠면조는 11월 추수감사절과 크리스마스 등 미국의 명절 만찬에 반드시 들어가는 음식이다. 원래 북미에 서식해 멕시코 원주민에 의해 가금류로 사육된 칠면조는 16세기 전반 유럽으로 들여오자마자 식용으로 순식간에 퍼졌고, 영국에서는 크리스마스의 진수성찬이 됐다.

그런 한편으로 1620년에 영국으로부터 북미 대륙 동부의 플리머스로 이주한 필그램 파더스 일행이 원주민 왐파

1916~18년경 펜실베니아 함내 사관실(워드룸). 이 함의 사관들은 이곳에서 크리스마스 만찬을 만끽했다.

토막지식

칠면조 구이에 크랜베리 소스나 그레이비 소스는 빼놓을 수 없다. 크랜베리 소스는 크랜베리를 달착지근하게 익힌 것으로 미 해군의 레시피에서도 날것 혹은 건조품을 사용한다. 그레이비 소스는 육즙을 졸여 조리한 것이다. 지브렛(가금류의 목이나 내장) 육수로 만들면 지브렛 그레이비가 된다. 왼쪽 페이지의 사진은 지브렛 그레이비를 뿌린 칠면조 구이. 곁들임은 왼쪽부터 크랜베리 소스, 버터드 피스, 매쉬드 포테이토, 서던 드레싱(콘브레드나 야채, 허브 등을 섞어 구운 것)이다.

r e c i p e

칠면조 구이

●재료
칠면조   1마리
소금   적당량
후추   적당량
계지(또는 버터) 적당량

〈충전재〉
식빵(만든지 하루 지난 것) 2~3장
타임   적당량
세이지   적당량
소금   적당량
후추   적당량
양파   1~2개
샐러리   1~2줄기
버터(또는 지방) 약 50g

●만드는 법
〈충전재/드레싱〉
①딱딱해진 식빵을 찢어 타임, 세이지, 소금, 후추와 섞는다.
②양파와 샐러리를 굵게 썰어 반투명해질 때까지 버터(혹은 지방)에 볶는다.
③①에 ②를 섞는다.
④③를 로스트팬(내열냄비)에 넣고 남은 버터를 발라 약 175도의 오븐에서 20~30분 굽는다.
※③을 칠면조를 구울 때 배 속에 채워도 된다.
※혹은 ④를 구워낸 칠면조에 맞춘다.

〈칠면조 구이〉
①잘 씻어 물기를 확실히 제거한 후, 배 속에 소금, 후추를 집어넣는다.
②배 속을 충전재로 채우고 구멍을 봉한다.
※ 배 속에 넣을 충전재는 취향에 맞춘다. 그냥 소금, 후추만 발라 구워도 된다.
③전체에 계지 혹은 버터를 바른다.
④로스트 팬(내열 냄비)의 바닥을 덮을 정도로 물을 넣고 칠면조를 넣어 약 165도의 오븐에서 2~3시간 굽는다.
※칠면조 1kg당 약 40분이 기준.
※ 몸뚱이의 가장 두꺼운 부위에 온도계를 꽂았을 때 약 75도면 거의 구워진 상태다.
※시판 칠면조를 사용할 때는 설명서에 따르도록 한다.
⑤오븐에서 꺼내 은박지로 싸서 재웠다가 접시에 담아낸다.

노아그족의 도움으로 낯선 타향살이를 할 적에 왐파노아그족이 준 칠면조 등을 먹은 감사의 잔치가 미국 추수감사절의 시작이라고도 한다. 이에 관해서는 다양한 설이 있기는 하나, 이리하여 미국에서는 추수감사절과 크리스마스 만찬 때 칠면조 구이를 먹게 되었다.

미 해군은 함상과 기지를 막론하고 설령 전시 상황이라 해도 장병들에게 명절 정찬을 제공한다. 이를 얼마나 중요시했는지는, 많은 '추수감사절'이나 '크리스마스'의 메뉴 카드가 남아 있는 것에서도 알 수 있다.

1941년 펜실베니아의 크리스마스 메뉴 카드에는 함장 찰스 M. 쿡 주니어 대령 등 고위 사관들의 축하 인사가 담겨 있었다.

'주님은 지킬 것을 요구하셨다. 우리는 그것을 위해 자기 자신을 바친다.'

Table 38

야마모토 장관을 덮친
'창공의 자객'들의 아침 식사

스팸과 에그 스크램블
SPAM 'N' Eggs

1944년 4월 18일, 미국 육군 항공대의 P-38 17기가 과달카날 섬 헨더슨 기지의 전투기용 제2활주로를 날았다. 목표는 부겐빌 섬 상공. 최전선 시찰에 나선 야마모토 이소로쿠 장관 일행의 비행 일정을 미군이 입수해 장관이 탑승할 일식육공을 격추하는 작전 '딜린저'를 발동한 것이다. 이륙은 0710시. 이에 앞서 지휘관 미첼 소령 이하 대원들은 출격에 대비해 텐트를 친 야전식당에서 아침식사를 했다. 스팸, 건조 계란으로 만든 에그 스크램블, 수용성 가루 우유, 커피, 매번 변함없는 메뉴에 진절머리를 치는 그들이었지만, 장시간 비행 중 혈당 저하로 사고력과 판단력이 무뎌지는 것을 피하기 위해 억지로라도 배에 채워 넣어야 했다……

미군이 제2차 세계 대전 중 널리 활용한 것이 호멜푸드 사의 '스팸(SPAM)'이다. 1989년 창업한 이 회사는 1920년대 후반에 '양념된 햄' 통조림을 발매했으나 팔리지 않았고, 이에 신 브랜드명을 공모하여 1937년에 '스팸'으로 리뉴얼, 동시에 대대적인 캠페인을 벌였다. 예를 들어 1931년 창간된 여성지 『우먼스 데이(Woman's Day)』에 '스팸위치(SPAMwich/스팸과 토스트의 샌드위치)'나 '스팸에그(SPAM'N'Eggs/구운 스팸과 계란프라이)', '스팸 불드 에그」(SPAMbled Eggs/스팸이 들어간 에그 스크램블'과 같은 레시피를 소개하는 식이었다. 그 결과 부채살 같은 것

과달카날 섬의 전투기용 제2활주로(쿠쿰 활주로)에서 달리는 중인 P-38G형. 야마모토 장관기 습격대는 이 기체를 타고 이 활주로에서 출격했다.

P-38 앞에서 포즈를 취하는 야마모토 장관 격추 작전에 참여한 3명의 자객. 왼쪽부터 토마스 람피아 대위, 베수비 호르무즈 중위, 렉스 바버 중위. 훗날 누가 장관기를 격추했는지에 대한 대논쟁이 벌어지게 된다. 참고로 람피아를 포함한 많은 조종사들은 출격 전 아침 식사 후 긴장한 나머지 자주 복통을 겪었다고 한다.

recipe

스팸과 에그 스크램블

● 재료(1인분)
스팸   1cm 두께로 2장
※계란 요리는 계란프라이나 에그 스크램블 등 취향대로 한다.

〈에그 스크램블〉
계란   2개
우유   30cc
버터   10g
소금   적당량
후추   적당량
식용유 적당량

● 만드는 법
① 스팸은 두께 1cm 정도로 얇게 썬다.
② 달군 팬에 버터나 기름을 둘러 스팸의 양면을 굽는다.
③ 에그 스크램블을 만든다. 그릇에 계란을 풀어 우유, 소금, 후추를 넣고 섞는다.
④ 팬에 기름을 두르고 버터를 넣는다.
⑤ 버터가 녹으면 ③계란액을 부어 약불에서 10~20초 정도 두었다가 가장자리나 바닥 쪽이 약간 굳어졌을 때 전체를 재빨리 섞는다. 너무 많이 익히지 않도록 한다.
⑥ 구운 스팸과 에그 스크램블을 한 접시에 담는다.

토막 지식

스팸은 '런천미트(통조림 햄이라는 뜻으로, 한국에서 시판되는 런천미트와는 다른 것이다-편집주)'의 대명사로 불리지만 호멜푸드사의 상표등록명이다. '런천미트'는 본래 소시지처럼 양념한 다진 고기를 가열해 냉각한 보존성 높은 가공식이다. 재가열하지 않고 간편하게 점심으로 먹는 경우가 많아 점심 식사라는 뜻의 'luncheon'이라는 단어가 붙게 되었다.

이 주 원료인 조리가공육 제품인 스팸은 저렴하면서도 휴대성과 보존성이 뛰어나며 영양가가 높고 응용의 폭도 넓다는 장점 때문에 전 미국의 주부들 사이에서 널리 퍼졌다.

같은 이유로 군도 스팸을 양식으로 채용해 12온스(약 340g)의 시판품 외에 군용 6파운드(약 27kg) 캔도 전선으로 보내졌다. 대전 중 호멜푸드사는 연간 160만 마리의 식용 돼지를 사들여 90%를 본품을 포함한 통조림 제품으로 군에 납품했다고 한다. 신선 식재료를 구하기 어려운 전쟁터에서 스팸은 매 끼니마다 제공됐다. 그래서 그 맛에 질렸다는 이야기가 지금까지 전해지는데, 전쟁사에 기록된 4월 18일 아침도 '평소의 아침식사'로 시작한 것이다.

Table 39
일본 제국 해군의 고래 요리
고래고기 스테이크
Whale Steak

　일본은 고래잡이 역사가 오래되어 조몬 시대까지 거슬러 올라간다고 하는데, 에도 초기에는 일본 연안·근해를 주된 어장으로 하는 일본형 포경 문화의 기초가 형성되었다. 그리고 메이지 시대에는 서양의 기술을 도입한 근대 포경이 시작되었고, 쇼와 시대(1934)에는 남빙양에서 모선식 포경을 개시했다. 당초 연안 포경의 고래고기 가격에 미치는 영향을 고려해 남빙양산 고래고기의 국내 반입에는 제한이 있었던 것으로 알려졌다. 그런데 만주 사변 이후의 전시 체제하에서 반입 제한이 완화됨에 따라 각종 식량 정책이 실시되었다. 동물성 단백질원인 고래고기 식용이 국책으로 장려된 것이다.

　그 영향은 당연히 군의 양식에도 미쳤다. 해군의 식사에는 메이지의 해군 창성기부터 서양 요리가 많이 채택된 메뉴가 계승되었는데, 고래고기 요리의 연구도 행해졌다고 한다. 1939년에는 제1함대의 각 함이 개발한 요리로 경연 대회도 실시되었다. 거기서 고래고기 된장조림(항공모함 아카기), 고래고기 커틀릿(전함 기리시마), 고래고기 생강조림(전함 키쿄), 고래고기 그라탕(전함 이세), 고래고기 모미지야키(전함 후소), 대고래면(잠수모함 대고래), 고래고기 탕육편(구축함 해풍), 고래고기 푸카덴(급량함 간궁) 등의 고래고기 요리가 등장했다.

　또 『해군 주계병 조리술 교과서』(1952년 10월 개정판)

▼제2차 세계 대전 후 포경선단에 대여할 후보로 추천된 전함 나가토는 나중에 미국의 비키니 환초 해양 원폭실험 '크로스로드' 작전의 표적함 중 1척으로 사용됐다. 사진은 1946년 7월 25일 실험 모습으로 왼쪽 아래에 보이는 나가토. 침몰한 이 함은 현재 다이빙 명소이지만 방사능 오염으로 잠수사가 직접 이 함을 만지는 것은 금지돼 있다.

▲「제1호형 수송함」은 주정등의 상하차를 선미에서 실시하기 때문에 후갑판이 슬로프로 되어 있었다. 또한 선창도 갖추고 있어 포경 모선으로 최적화되었다. 캐처보트가 포획한 고래를 슬로프를 이용해 인양한 뒤 후갑판 위에서 해체 처리해 선창에 마련된 냉동고에 고기를 저장하는 것이다. 또한 포경 모선으로 여겨진 「제1호형 수송함」의 「제9호」「제13호」「제16호」「제19호」의 각 함은, 후에 연합국 각국에 인도되었다. 사진은 16호.

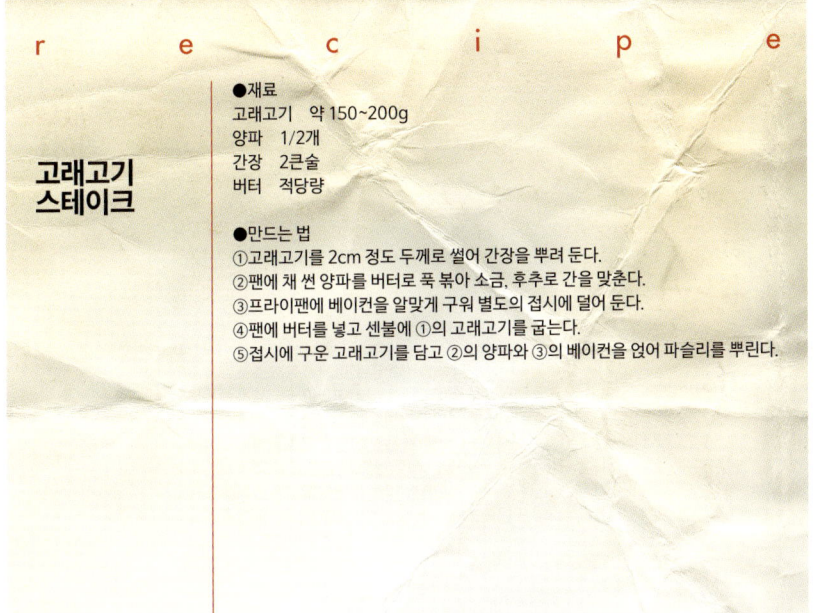

recipe

고래고기 스테이크

● 재료
고래고기 약 150~200g
양파 1/2개
간장 2큰술
버터 적당량

● 만드는 법
① 고래고기를 2cm 정도 두께로 썰어 간장을 뿌려 둔다.
② 팬에 채 썬 양파를 버터로 푹 볶아 소금, 후추로 간을 맞춘다.
③ 프라이팬에 베이컨을 알맞게 구워 별도의 접시에 덜어 둔다.
④ 팬에 버터를 넣고 센불에 ①의 고래고기를 굽는다.
⑤ 접시에 구운 고래고기를 담고 ②의 양파와 ③의 베이컨을 얹어 파슬리를 뿌린다.

토막지식

'샤리아핀 스테이크'는 1966년 제국호텔에 투숙한 러시아 출신의 세계적인 오페라 가수 표도르 샤리아핀에게 제공한 스테이크다. 부드럽고 약효도 기대할 수 있는 스테이크를 원했던 표도르에게 츠즈이 주방장이 소고기를 간 양파에 절여 부드럽게 해 구운 후, 새로 양파를 다져서 버터로 볶은 후 스테이크 위에 얹어 제공했다.

에는 서양 요리로 고래고기 스테이크가 소개되어 있다. 레시피를 보면 버터에 볶은 양파를 고래고기 위에 듬뿍 올려놓는다고 하니 1966년 제국호텔에서 탄생한 샤리아핀 스테이크를 방불케 한다. 고래고기는 고래의 종류나 부위에 따라 딱딱하거나 질긴 경우가 있는데, 그 문제를 완화하고자 샤리아핀 스테이크를 응용했을 것이다. 그렇다면 상상의 영역 내이기는 하나 고래고기 스테이크 또한 해상에서의 유일한 즐거움인 식사를 중시한 해군다운 창의성 있는 요리의 하나라고 할 수 있을 것이다.

그런데 종전 직후, GHQ는 일본의 식량 부족 완화를 해 우선적으로 오가사와라 제도 근해에서의 포경 재개를 허가했다. 하지만 전쟁 중 군에 징용된 대형 포경선은 대부분 사라져 연안 포경용 소형 포경선밖에 없었기에 복원성에서 군함을 빌려주게 되었다. 그 후보로 거론된 것이 무려 손상을 입고도 남아 있던 전함 나가토다. 하지만 아무래도 너무 거대했기에 최종적으로 선택된 것은 선미가 고래를 갑판에 끌어 올리기 쉬운 슬로프인 제1호 수송함이었다. 그 '제19호'가 함장 이하 전 해군의 모든 승무원이 포경선단으로 차출되어 1966년 2월 24일, 일명 '고래잡이'로 오가사와라로 향했다. 후에 동형함인 '제9호', '제13호', '제16호'도 포경 모선으로 '탈바꿈'했다.

Table 40
항공모함 엔터프라이즈호의 특제 조식
원 아이드 샌드위치
One-eyed sandwich

미드웨이 해전 당일의 1992년 6월 4일, '빅E' 항공모함 엔터프라이즈의 사관 식당에서는 언제나의 아침 식사가 준비되고 있었다.

「콜린스는 아직 오전 1시30분인데도 식탁을 차렸다. 베스트 대위는 늘 먹던 샤드 에그를, 그레이 대위는 좋아하는 원 아이드 샌드위치(one-eyed sandwich)를 먹었다. 그것은 엔터프라이즈의 특제 요리다……」(Walter Lord 저, 『Incredible Victory: The Battle of Midway』에서 발췌)

당시 제6전투중대장이었던 그레이는 자신의 수기에서 사관 식당 급사장 콜린스가 얼마나 만족스러운 식사를 준비했는지를 말했다.

엔터프라이즈의 특제 요리로 불렸던 원 아이드 샌드위치는 빵 중앙에 뚫린 구멍에 계란을 넣고 양면 혹은 한쪽 면을 넉넉한 버터와 베이컨 오일 등으로 계란을 오버 미디엄으로 구운 것이다. 심플하면서도 좋아하는 사람이 많은 독특한 토스트다. 이 함의 주방에서는 빵굽는 틀 안에 파이프를 넣어 처음부터 구멍이 뚫린 빵을 구웠다는 얘기도 있다. 그 빵을 납작하게 썰어서 그릴팬에 쭉 늘어놓고 구멍에 계란을 넣어 굽는다. 효율적으로 다인원의 아침식사를 준비하는 방법이다.

원 아이드 샌드위치에는 에그 인 바스켓, 앨라배마 에그,

제6전투중대 조종사들. 앞줄 오른쪽에서 세 번째가 제임스 S. 그레이 대위다. 그 왼쪽 옆은 나중에 제6항공군 사령이 되는 클라렌스 W. 마크라우스키 소령. 1942년 1월 촬영. 당시는 아직 항공군과 항공모함이 연결되어 있었기 때문에 엔터프라이즈의 함적번호인 CV-6과 탑재 항공군의 번호가 동일했다.

태평양 전쟁이 개전하기 약 반 년 전, 1941년 6월에 촬영된 엔터프라이즈호. 비행 갑판은 아직 도장 전이라 자연의 나무색이지만 선체 쪽은 메이저1 카모플라주 도장이 되어 어두운 색이다.

recipe

원 아이드 샌드위치

●재료(토스트 1장분)
식빵(6장으로 자른 것)
계란   1개
버터   10~15g

●만드는 법
①식빵의 가운데 부분을 원형으로 도려낸다.
②팬을 중불로 가열한 후 버터, ①식빵을 넣고 식빵 중앙의 구멍 부분에 계란을 깨 넣는다.
③한쪽 면이 익으면 뒤집어 뒷면도 굽는다.
※기호에 따라 구멍을 낸 식빵의 한쪽 면을 먼저 굽고 빵을 뒤집은 다음에 계란을 넣고 구워도 된다.

버드 네스트, 선샤인 토스트 외에 여러 가지 별칭이 있으며, 가정과 지역에 따라 다소 차이가 있긴 해도 미국에서는 흔히 해 먹는 아침 요리다. 그러나 그 기원은 여러 가지로 전해지고 있어 분명하지가 않다.

일설에 의하면 1941년 개봉한 『백만 달러의 각선미』로 알려진 명배우 베티 그레이블 주연의 뮤지컬 영화 『마이애미의 달』에서 원 아이드 샌드위치를 요리하는 장면이 나오게 되면서부터 널리 만들어지게 되었다고 한다.

승무원의 음식에 대한 만족을 '임무'로 하는 '빅E'의 주방에서는 이 계란 요리를 신속하게 메뉴에 적용했던 걸지도 모른다. 그리고 운명의 아침, 많은 사관들이 '원 아이드 샌드위치'를 먹고 아수라의 하늘로 날아갔다.

토막지식

샤드 에그(shirred egg)는 일반적으로 버터 또는 식용유를 바른 납작한 접시에 계란과 크림을 넣어 오븐에 구운 계란 요리를 말한다. 1940년경의 미 해군의 레시피에서는 기본적으로 소금, 후추만으로 양념했으며, 응용법중 하나로 잘게 자른 베이컨을 계란 밑에 깔아 구운 것도 소개했다.

Table 41

제국 해군 사관들에게 제공된 일품 요리

대하 카레
Lobster Curry

    1997년의 요코스카시의 마을 부흥 정책으로 인해 카레는 구해군의 일반적인 양식이 되었다. 그런데 구육군도 메이지 6년(1873) 때에 유년 학생대의 토요일 점심으로 카레를 제공했고, 이후 병식으로도 채용했다.

    민간에서는 삿포로 농학교(현 홋카이도 대학)에서 메이지 9년(187년)에 기숙사 식당에서 카레라이스가 나오게 되었고, 메이지 10년(187년)에는 일본 최초의 카레 전문점인 '후게쓰도'가 도쿄 우에노에 개점했다. 이와 같이 메이지 시대 일본에서의 카레 보급에 공헌한 것은 해군뿐만이 아닌 '관민 일체'라고도 말할 수 있는 배경이 있었던 것 같다.

    그런데 해군 쪽으로 눈을 돌리자면, 카레의 조리법이 공문서에 등장하는 건 메이지 22년(1889년)의 주계과(主計課)의 신병 교육을 규정한 『5등 주방부 교육 규칙』으로 생각된다. 그리고 메이지 40년(1907) 4월의 해군경리학교가 개설됨에 따라 이듬해 9월에 마이즈루 해병단에서 발행되어 이후 해군의 조리교육의 바이블이 된 『해군 요리법 참고서』에도 '카레이라이스'의 항목이 있다. 또한 다이쇼 7년(1918년)의 『해군 5등 주방업 교과서』에도 '라이스 카레'의 조리법이 게재되어 있다.

    이후 해군의 조리교육서에서 카레의 기술이 없어지는 일은 없으며, 쇼와 4년(1929년)부터 3년간의 연구를 거듭하여 쇼와 7년(1932년)에 발행한 『해군연구조리식단집』

▲해군의 주계과는 경리와 의량으로 나뉘어 있는데, 의량 쪽, 특히 양식에 속한 주계병은 취사 업무에 종사했다. 전함에서는 총원의 1일분으로 쌀만 6석 이상(1석은 쌀일 경우 약 150~160kg)을 지었다고 한다.

▼해군은 함정에 주방이 있었는데, 거기서 주계병이 조리 솜씨를 발휘했다. 전함 등에는 4말짜리 가마솥이 여러 개 구비되어 있었고, 증기로 취사를 행했다. 참고로 1말은 10되이다.

recipe

대하 카레

● 재료
- 대하 적당량
- 양파 적당량
- 당근 적당량
- 감자 적당량
- 카레가루 적당량
- 밀가루 적당량
- 소금 적당량
- 후추 적당량
- 버터(혹은 우지나 라드) 적당량

● 만드는 법
① 양파, 당근, 감자는 잘게 썬다.
② 냄비에 버터를 녹여 손질한 대하의 머리와 껍데기를 볶은 후, 물을 추가해 끓인다.
③ 냄비에 버터를 녹여 밀가루를 뭉치지 않게 볶은 후, 카레가루와 잘게 썬 양파, 당근, 감자, ②의 국물을 넣고 끓인다.
④ 대하 살을 한 입 크기로 잘라 ③에 넣고 소금, 후추로 간을 맞춘다.

> **토막지식**
>
> 해군의 카레라이스는 소고기나 닭고기를 사용하는 것이 통례였지만 해군연구조리식단집에는 병식용으로 바지락 카레도 소개되어 있다. 그 밖에 카레가루를 사용하는 요리로서 병식으로 생선 카레튀김, 전갱이 카레구이, 돼지와 감자 카레 조림이, 또 사관식으로 작은 새우 카레조림이 소개되어 있다. 그러고 보니 이 책은 오늘날의 일본에서도 인기가 많은 해산물 카레의 효시이지 않나 싶다.

이라는 메뉴의 다양성을 넓히기 위한 부교재에도 몇 종류의 카레가 소개되어 있다. 그중에서도 특히 흥미로운 것이 대하 카레다.

그렇다고는 하나 당시 대하는 결코 지금처럼 싼 식재료도 아니고 어획량도 제한되어 있었다. 한편 온대성 생물종이라 당시의 각 진수부 등지에서는 계절에 따라(특히 여름철) 제법 잡혔으므로 식비를 자급하는 '괜찮은 사관식'으로서 제공하는 것이 가능했을 것이다.

군함 주방에 서는 주계병들은 모두 축육을 이용한 병식 카레 만드는 법을 터득하고 있어 조리법 자체는 그 응용이라 할 수 있다. 하지만 축육과 대하 카레의 조리법에는 차이점이 두 가지 있었다. 새우머리 육수의 감칠맛을 살리기 위해 먼저 머리 부분만 넣고 끓이되, 최종적으로는 그것을 꺼내는 것이다. 대하 살은 너무 익으면 수축해 단단해지고 감칠맛의 근원인 육즙도 빠져 버리므로 채 썬 고기 조각을 카레에 넣을 타이밍이 애매했던 것이다.

하지만 사관 주방에는 능력이 뛰어난 주계 하사가 배정됐고, 경험이 풍부한 주계병은 이를 어렵지 않게 조리해 사관들에게 제공하여 호평을 받았다고 한다.

Table 42
미 해군 장병들에게 사랑 받은 과자
레몬 머랭 파이
Lemon Meringue Pie

1944년 여름 전함 미주리의 함내를 찍은 한 장의 사진. 6월에 취역하고 관숙 전투 훈련을 하던 중 주방에서 '레몬 파이'를 만드는 조리병들의 모습을 담은 것이다(오른쪽 페이지).

북인도가 원산지인 레몬은 오래 전부터 지중해 연안과 유럽에 전파되어 있었는데, 미국으로 그 종자가 퍼지게 된 계기는 콜럼버스의 항해라고 전해진다. 처음엔 플로리다에 전파되었고 19세기 중엽에는 스페인 수도사들에 의해 캘리포니아에서도 번성하게 되었다고 한다.

유럽에서는 중세부터 레몬의 향과 산미를 커스터드 크림이나 푸딩, 파이 등에 사용해 왔는데, 미국에서도 특히 남부를 중심으로 레몬 파이가 만들어졌고, 미국 내 레몬 재배가 활발해지면서 19세기 이후 가장 선호되는 디저트 중 하나가 되었다.

독립기념일이 생일인 것으로 유명한 데다가 일본에서는 배일이민법으로 통칭되는 '1924년 이민법'을 성립시킨 것으로도 알려진 제30대 대통령(1923~1929) 존 캘빈 쿨리지 주니어도 '레몬 커스터드 파이'를 좋아했다고 알려져 있다.

레몬 파이의 레시피로는 여러 가지가 있는데, 기본은 크러스트(파이지)에 레몬 과즙, 간 레몬껍질, 계란 노른자, 설탕, 버터 등으로 만든 레몬 커스터드를 넣어 구운 후, 계란 당시 새로 건조한 전함 미주리의 주방에서 대량의 레몬 파이가 만들어지고 있는 장면. 노릇노릇하게 구워낸 파이지에 충전재를 채우고 있다. 비슷한 조리 방법으로 충전재의 풍미를 바꿈으로써 오렌지 파이, 키라임 파이, 피스타치오 파이, 커스터드 파이, 피칸 파이 등을 만들 수 있었다. 미 해군에서는 저녁 식사 때 반드시 디저트가 제공되었을 뿐만 아니라 항공모함처럼 24시간 근무하는 함에서는 카페테리아에서 시간을 가리지 않는 간식으로 파이류가 제공되는 경우도 많았다. 1944년 여름 촬영.

토막지식

미 해군 요리책(1944년판)에 실린 레몬 머랭 파이 레시피에는 구워낸 파이지에 따로 조리해 둔 충전재(커스터드)를 채워 한김 식힌 뒤 그 위에 계란 흰자, 설탕, 소금, 바닐라로 만든 머랭을 올려 오븐에 구워주면 된다고 적혀 있다.

recipe

레몬 머랭 파이

● 재료(파이 크기 직경 9인치/23cm)

파이 생지 1장(시판되는 파이 생지도 가능)

〈레몬 커스터드(충전재)〉
물(또는 우유) 500ml
레몬 주스 100ml
레몬 껍질(간 것) 10g
소금 1.6g
옥수수 전분 50g
설탕 320g
계란 노른자 3개분
버터 30g

〈머랭〉
계란 흰자 3개분
설탕(그래뉴당) 75g
소금 약간(한 꼬집 정도)
바닐라 약간

● 만드는 법
①파이 생지를 펼쳐 파이 접시에 깐 뒤, 바닥면을 포크로 찌른다(미세 구멍을 뚫는다).
②200℃로 예열한 오븐에서 20~30분 굽는다(시판 파이 생지를 쓸 때는 각각의 굽는 방법을 따른다).
③충전재로 쓸 레몬 커스터드를 만든다. 옥수수 전분을 물(혹은 우유)에 풀어 걸쭉해지면 소금, 설탕, 레몬 주스, 갈아 넣은 레몬 껍질을 넣어 섞으면서 중불에서 약 20분간 가열한 후 불에서 내린다.
④③에 풀어 놓은 노른자를 여러 번에 걸쳐 섞으며 5분 정도 중불에 올려놓고, 불에서 내려 아직 뜨거울 때 버터를 섞고 식혀둔다.
⑤머랭을 만든다. 그릇에 계란 흰자와 소금을 넣어 믹서로 섞어가며 설탕을 넣고, 휘핑 형태가 되면 버터를 넣는다.
⑥②의 구운 파이지에 ④의 레몬 커스터드를 넣고, 그 위에 ⑤의 머랭을 올려 180도 오븐에서 약 10분, 적당히 구워 색이 변할 정도로 굽는다.
⑦충분히 식힌 후에 잘라낸다.

흰자와 설탕으로 거품을 낸 머랭을 얹어 한 번 더 굽는 것이다. 그래서 레몬 파이라고 하면 레몬 머랭 파이를 지칭하는 경우도 적지 않다. 미국 해군의 요리책(1949년판)에도 약 20종류의 파이 중 하나로 레시피가 게재되어 있다.

그런데 과일을 사용한 디저트로서의 파이를 크게 나눠 보자면 생과일을 사용하는 것과 분말을 포함한 주스 등의 가공품을 사용하는 것으로 나뉘는데, 서양상에서는 주스를 이용하는 일이 많았다. 왜냐하면 함내의 한정된 신선 식료품 저장고에서 우선되는 건 야채였기 때문이다.

또한 과일을 제공할 때는 영양학적인 효용이 높도록 가급적 생으로 제공했다. 따라서 해군 요리책에도 생 레몬이 없는 경우 분말 레몬이나 레몬주스를 사용한다고 되어 있다. 마찬가지로 오렌지 머랭 파이나 키라임 파이 등 주스를 이용한 파이 레시피도 게재되어 있다.

무엇보다 함상에서는 파이지를 굽고 충전재를 조리하는 수고스러운 파이는 일상적으로 제공되지 않아 약간의 행사 후 위로 차원으로 승무원들에게 제공되는 경우가 많았던 듯하다.

Table 43

신병에게 제공된 해군 훈련장의 첫 식사
베이크드 빈즈 & 콘브레드
Baked beans & Cornbread

「…우리 신입 수병에게 주어진 첫 끼니는 옥수수빵과 차디찬 금속 식판에 담긴 뜨거운 흰 콩 한 큰술이었다.」 해군 위생병으로서 제5해병사단 제26해병연대 제2대대에 배속돼 디태치먼트 작전(이오지마 상륙작전)에서 싸운 경험을 담은 『God Isn't Here』(Richard E. Overton 저)의 한 구절이다. 자원해서 해군에 입대한 저자가 기초 훈련을 위해 보내진 미 본토 패러거트 해군훈련장에서 한 최초의 식사를 묘사한 부분이다.

여기서 '흰 콩'이란 흰 강낭콩이며 '한 큰술'이라는 건 국자에 한가득 채운 양을 말한다. 당시 미국의 3군에서 먹던 흰 강낭콩은 베이크드 빈즈로 제공되는 경우가 압도적으로 많았으니 이때도 틀림없이 그랬을 것이다.

아메리카 대륙이 원산지인 흰 강낭콩은 예로부터 아메리카 원주민에 의해 옥수수, 호박과 함께 밭에서 삼모작의 방식으로 재배되어 왔다. 건조해 경량화도 가능하고 보존도 용이해서 19세기에 미국 해군의 식량으로 채용되어 'Navy Bean'이라는 별칭으로도 불린다.

기본적인 먹는 법은 '콩조림'으로, 전통적인 조리법은 베이크드 빈즈라는 이름 그대로 오븐 등에서 '굽는' 것이지만 실제로는 냄비에 끓이는 게 편해서 이쪽이 더 일반적이다. 예전에는 말린 콩을 물에 불려 끓여야 하는 수고가 들었다. 하지만 통조림 기술의 발달에 따라 흰 강낭콩 백숙 통조

▼패러거트 해군훈련시설에서 기념 촬영을 하는 아이다호주 위생반 218의 수병들. 미 해병대 위생병은 해군에서 파견되기 때문에 전투복이야말로 해병대원과 거의 비슷하지만 부대 단위로 정장하면 위생병만 수병복을 착용하게 된다.

▲미국 해군에서는 취사병이나 조리병으로 흑인이나 유색인종을 많이 채용했다. 이들은 조리 훈련의 마무리로 해군기지나 훈련장 급식 등을 OJT 목적으로 담당하는 경우가 많았다. 1941년 12월 7일 진주만이 공격받았을 때 전함 웨스트버지니아에 취사병으로 타고 있던 도리스 밀러는 그때까지 한 번도 대공기총 조작 훈련을 받은 적이 없는데도 불구하고 정규 사수가 전사한 총좌에 앉아 사격을 실시. 그 용기를 기려 흑인 최초로 해군 십자장을 수여받았다.

recipe

베이크드 빈즈 &콘브레드

●재료(약 10인분)
흰 강낭콩(건조)   약 550g
염장 돼지고기 혹은 베이컨, 햄   약 180g
조미료
소금   1큰술
당밀(흑밀도 가능)   90ml
머스터드(건조)   1.5작은술
물

●만드는 법
①흰 강낭콩(건조)을 가볍게 물에 씻어 콩이 잠길 정도의 물에 6시간 이상 불린다.
②냄비에 물을 끓이고 콩을 불린 물도 넣어 콩이 부드러워질 때까지 약 1시간 동안 삶는다.
③염장 돼지고기 혹은 베이컨, 햄을 깍뚝썰기한다.
④오븐용 두꺼운 냄비에 ②의 콩을 옮긴다.
⑤④에 소금, 당밀, 머스터드를 넣어 섞고 ③을 추가한다.
⑥약 140도로 예열한 오븐에 냄비째 넣고 천천히(2~3시간) 익힌다. 필요에 따라 중간에 콩 삶은 물을 추가한다.

림에 토마토 퓨레 통조림을 더하고, 거기에 먹기 좋은 크기로 자른 베이컨이나 스팸을 넣어 설탕이나 당밀, 향신료, 경우에 따라서는 메이플 시럽 등으로 맛을 내 제공한다는 것이 대인원이 먹을 분량을 단시간에 완성해야만 하는 군의 주방에서의 조리법이 되었다. 또 베이크드 빈즈 그 자체의 통조림도 활용 범위에 들어간다.

반면 콘브레드는 옥수수가루로 만든 빵인데, 식감을 중시해 밀가루를 섞기도 한다. 전술한 바와 같이 옥수수 역시 아메리카 원주민들이 흰 강낭콩과 함께 오래 전부터 재배하던 작물로, 미군에서는 일반적인 식재료였다.

토막지식

제2차 세계 대전 중 한동안 영국 공군은 항공 배식으로 베이크드 빈즈를 제공했다. 그러나 흰 강낭콩에 든 다당을 장내 세균이 발효시키는 바람에 대량의 장내 가스가 발생했고, 저기압의 고공에서의 복부 팽만감과 방귀 유발의 원인으로 여압실이 없는 기체에 탑승한 승무원들 사이에서 평판이 나빠져 이후 제공되지 않게 되었다고 한다.

Table 44

'파이를 위해 싸운' 과달카날 섬의 미군들
아메리칸 파이
American Pie

「당신들은 도대체 무엇을 위해 싸우는가.」 종군 기자 J. 허시는 해병대원들에게 물었다. 1942년 10월, 과달카날 섬에서 리코드 대위가 이끄는 부대와 행동하던 중의 일이다. 그들은 대답했다. 「블루베리 파이 한 조각을 위해 나는 싸운다.」 「나는 민스 파이라네.」 「나는 시나몬을 첨가한 남부풍 건포도를 넣은 애플 파이로 해 줘.」 ……. 『미군병사의 태평양전쟁 최전선의 전투』에 게재된 존 허시의 저서 『Into the Valley』의 한 구절이다. 허시는 이어서 서술했다. 「파이를 위해 싸운다. ……이곳에서 파이는 그들의 고향을 상징하는 것이었다.」라고 말이다.

미국다움을 표현할 때 '애플 파이처럼 미국적이다(As American as apple pie)'라고 표현한다. 이 나라의 애플 파이의 역사는 17세기 영국에서 이주해 정착한 청교도들에게서 비롯되었다. 이들은 고향(올드) 잉글랜드에서 인기 있는 사과를 신세계(뉴잉글랜드)에서 재배·수확해 파이를 만들었다. 그래서 이곳이 미국 파이의 본고장으로 여겨지고 있으며, 전통적으로 달콤한 파이를 아침 식사로 먹는 경우도 적지 않다.

무엇보다 오늘날과 같은 파이를 완성한 것은 펜실베니아 더치라고 불리는 독일계 이민자들이라고 한다. 달게 익힌 사과를 파이지에 담고 파이지로 위를 덮어 굽는 것인데, 여기에 지역 특산 과일을 채워 굽는 어레인지가 더해진 것

100

과달카날 섬의 해병대 필드 키친. 원래는 일본군이 만든 곳일 수도 있다. 이 섬에서의 전투 초반에는 미군도 탄약이나 의약품의 공급을 우선시하느라 식량을 뒷전으로 미뤄 식량이 부족했던 시기가 있었다. 그 당시에는 1일 2식으로 직종이나 임무에 따라 식사량을 증감해 세밀하게 식량을 아꼈을 뿐만 아니라, 일본군이 남긴 쌀이나 통조림 같은 식량도 활용되었다.

recipe

애플 파이

● 재료 (파이지 직경 9인치/23cm)
파이 생지   2장 (시판 중인 파이 생지도 가능)
사과   3~4개
설탕   185g
시나몬 파우더 1작은술
육두구   약간
소금   한 꼬집
(무염) 버터 25g

● 만드는 법
① 사과는 심지를 제거하고 껍질을 벗겨 한 입 크기로 잘라 놓는다.
② 그릇에 ①의 사과, 설탕, 계피, 육두구, 소금을 넣고 섞는다.
③ 파이 반죽 1장을 버터를 바른 내열 용기에 깐다.
④ ②에 ②의 사과를 깔고 사과 위에 버터를 적당량 얹는다.
⑤ 한 장의 파이 반죽을 ④에 씌워 가장자리를 단단히 밀착시킨다.
⑥ 뚜껑으로 만든 파이 반죽에 포크로 공기 구멍을 뚫는다.
⑦ 220도로 데운 오븐에 ⑥를 넣고 약 45분 굽는다.

토막지식

미 해군의 요리책(1944년판)에는 각종 애플 파이(일반적인 애플 파이 외 더치 애플 파이 등)는 물론이고 블루베리 파이 민스 파이 등 20여 가지 파이의 레시피가 실려 있다. 미군 장병들에게 파이는 빼놓을 수 없는 고향 음식이다.

이 18세기 독립 혁명기에 널리 퍼지면서 다양한 '미국의 파이'가 탄생했다.

블루베리 파이 또한 미국적인 파이 중 하나다. 야생 블루베리는 메인주의 '주의 과일'이며 블루베리 파이는 '주의 디저트'로 자리 잡았다. 반면 민스 파이는 17세기 영국에서 들어온 파이다. 원래는 소고기도 들어가지만 지금은 민스 미트(건과일 여러 종류를 다진 것)가 주를 이루며, 크리스마스에 먹는 과자로 알려져 있다.

파이를 위해 싸우겠다는 해병대원들은 몇 주 동안 식량 부족으로 인해 노획한 일본 쌀도 먹으면서 전투 전 충분한 양의 아침 식사를 했다. 파인애플, 콩, 비프 크림 소스, 건포도 라이스 스튜, 크래커 등이 그것이었고, 전투 중 이틀 간은 야전식으로 C, D레이션을 각각 2개씩 하여 고기, 야채, 스튜 등의 약 850g, 초콜릿이나 설탕, 스팀 밀크 등의 약 230g(600kcal 상당) 따위를 먹었다.

이것들은 그들에게 있어 기껏해야 차가운 채로 배를 채운 것에 불과한 식사였기에, 그들은 늘 배가 고팠다. 그래서 말이 나온 것이 '파이'였다고 허시는 기술했다.

Table 45

사랑하는 딸의 레시피로
니미츠 제독이 실력을 발휘한
비프 스트로가노프
Beef Stroganoff

　1992년 7월 25일 일요일 오후, 미군 태평양 함대 사령부의 A. 베네딕트 대위, J. G. 로닉 대위, J. 바싯 대위 3명이 고급 사관용 거주구를 향해 진주만을 바라보는 마카라파 언덕을 올라갔다. 당시 사령부 직원들이 교대로 초청받았던 니미츠 제독과의 회식에 참석하기 위해서였다. 그날 니미츠 제독은 자랑스럽게 말했다. 「딸이 보내 온 조리법으로 만든 특제 비프 스트로가노프를 먹게 해 주겠다.」(E. B. Potter 저, 『니미츠』에서 발췌)

　비프 스트로가노프는 대표적인 러시아 요리 중 하나로 알려졌는데 러시아어로는 '베프 스트로가노프'다. 베프는 프랑스어에서 러시아어로 변형된 '소'를 의미하며, 스트로가노프는 16세기부터 19세기 러시아에서 권세를 떨친 명문 귀족의 성씨다. 즉 그 가문의 소고기 요리라는 뜻인데, 어느 시대의 스트로가노프 백작이 만들었는지 등의 기원에 대한 설은 여러가지가 있다. 그래도 현재는 알렉산드르 그리고리예비치 스트로가노프 백작(1795~1891) 때에 만들어졌다고 보는 게 일반적이다. 백작이 오데사에서 살 적에 자택의 밥상을 시민들에게 공개했다고 하는데, 이를 위해 요리사에게 고안하게 한 음식이 기원이라고 한다.

　오데사의 주민들이 백작에 대한 경의를 표하고자 이 요리에 스트로가노프라는 이름을 붙여 널리 퍼뜨린 듯하다.

　요리책에 실린 비프 스트로가노프 레시피는 러시아의

◀일본군에 의한 진주만 공습 직후 미국 본토, 서해안에서 비행정으로 하와이에 착임한 니미츠는 1941년 12월 13일 태평양 함대 사령장관에 취임했다. 이듬해인 1942년 3월에는 태평양 전역 최고사령관으로 임명되어 해당 방면의 연합군 전체를 지휘하게 되었다.

▲의외로 검소한 것으로 알려진 마카라파 소재의 니미츠 관사로, 사진은 그곳 거실이다. 왼쪽 사이드보드에는 칵테일 아워용의 각종 잔들이 보인다.

recipe

비프 스트로가노프 (러시아식)

●재료(4~5인분)
소고기 안심(얇게 썬 것) 900g
양파 2~3개(채 썰어서 약 5컵)
양송이버섯 450g(채 썬 것)
머스터드(분말) 1큰술 약간 넘게
설탕 1큰술 약간 넘게
소금 2.5작은술
기름 5~6큰술
흑후추 1작은술 약간 넘게
스메타나(사워 크림) 2~3컵

●만드는 법
① 머스터드, 설탕 2작은술, 뜨거운 물에 녹인 소금 1큰술 이상을 섞어 머스터드 페이스트를 만든다.
② 팬에 기름을 준비한 양의 절반 넣고 채 썬 양파, 양송이버섯을 넣고 볶아 약불에서 20~30분간 부드럽게 익힌다.
③ 소고기 안심을 5~6mm 두께로 채 썬다.
④ 팬에 남은 기름을 두르고 ③의 다진 소고기를 약간 노릇노릇해질 때까지 볶는다.
⑤ ②의 팬에 볶은 소고기 안심을 넣어 섞고 나머지 소금, 후추, ①의 머스터드 페이스트, 남은 설탕을 넣고 약불에 볶는다. 여기에 스메타나(사워 크림)를 1큰술 정도씩 나눠 넣고 전체가 익을 때까지 23분 가열해 간을 보며 조절한다..

> **토막지식**
>
> 비프 스트로가노프는 결국 국가와 지역에 따라 변형이 생겨났다. 미국에서는 양파 외에 양송이버섯도 추가되고 맛을 내는 용도로 머스터드와 토마토를 사용했으며, 또한 신맛이 나는 사워 크림 뿐만 아니라 스위트 크림을 넣기도 했다. 그리하여 1950년대 이후 미국에서는 비프 스트로가노프가 가장 대중적인 요리 중 하나가 되었다.

엘레나 모로호베츠가 쓴 『젊은 주부에게 주는 선물』의 1871년판에 실린 것이 최초라고 한다. 그것은 깍둑썰기한 소고기를 부용과 머스터드 소스에 볶아 스메타나(사워 크림)를 마지막에 더하는 식의 간단한 것이었다.

나중에 양송이나 양파도 추가되어 지역이나 국가에 따른 변형이 생겨났다.

비프 스트로가노프가 미국에서 널리 알려지게 된 것은 1930년대로 제2차 세계 대전 이전의 일이다. 그리고 1940년내에는 정찬이나 파티 요리로서 주목받게 된다. 아직 해군의 레시피에도 올라가지 않았던 시절에 니미츠 제독이 선보인 '딸의 조리법을 따른 비프 스트로가노프'는 과연 어떤 맛이었을까. 어쨌거나 초대받은 손님을 만족시켰다는 사실은 기록되어 있다. 덧붙여 이날 회식에는 미드웨이 해전의 수훈자 스프루언스 제독도 가세했다. 늘 의견을 교환하는 니미츠와 스프루언스였지만, 밤 회식에서는 어깨가 뻐근해지는 이야기는 하지 않기로 했다고 한다.

Table 46

J. B. 해리스가 중국에서 먹은 볶음면
차오미엔
Chaomian

    오랜 기간 라디오 강좌 『백만 명의 영어』의 강사를 맡는 등, 일본의 영어 교육에 공헌한 것으로 알려진 J. B. 해리스는 아버지는 영국인, 어머니는 일본인으로, 제2차 세계 대전 중에는 일본인 히라야나기 히데오라는 이름으로 육군에 종군했다. 제35사단 보병 제220연대 제4중대에 배속되어 연대 본부가 배치된 현 하난성 신향의 북쪽에 있는 탕음을 시작으로 중국에서 약 4년을 보내고 종전을 맞이했는데, 그는 자신의 군생활을 저서 『나는 일본 병사였다』에서 상제히, 그중에서도 특히 군의 식사에 관해 남겼다.

    강행군을 할 적에 대해서는 「정말이지 군대라는 곳은 체력에 자신이 없으면 하루도 버틸 수가 없다. 하지만 밥에 매실장아찌, 단무지 정도뿐인 식사로 잘도 이런 중노동을 견디고 있다.」라고 하는 한편, 「평소에는 국 하나에 반찬 하나라는 최악의 메뉴로 버텼으므로 정월의 진수성찬은 1년에 한 번뿐인 즐거움이었다.」라고 했다.

    해리스는 명령수령반에 편입돼 일정 기간 동안 신샹에 머무는 일이 있었다. 그곳에서는 비교적 외출할 시간을 얻을 수 있었다고 한다. 신샹은 황하 유역의 북쪽에 자리해 한나라 때부터 명맥이 이어지는 오래된 마을이다. 성곽과 참호로 둘러싸인 성곽 도시로 사령부가 있는 성 밖 신시가지에는 일본 민간인도 거주했으며, 군대를 상대로 하는 여관과 식당, 제과점이 있었다고 한다. 해리스가 외출할 때마

1937년 8월 13일의 북평(현 베이징) 시내에 입성하는 일본군. 안쪽에 보이는 것은 고궁(자금성)으로 이어진 성문인 정양문의 전루이며, 그 앞에 정양문 성루가 있다. 볶음면, 탕수육, 돼지만두 등 중국에서 싸운 일본군 장병들이 '전쟁터의 맛'을 조국에 들여와 일본의 중화 요리 보급에 영향을 준 사례는 적지 않다.

recipe

차오미엔

●재료
중화면 1인분
돼지고기 삼겹살(얇게 썬 것) 50g
부추 적당량
대파 적당량
중국간장(없으면 일본간장도 가능) 2작은술
굴소스 1/4작은술
소흥주 1큰술

●만드는 법
①면을 풀어 둔다.
②대파는 얇게 어슷썰기하고 삼겹살은 2cm, 부추는 5cm 두께로 썬다.
③조미료(중국간장, 굴소스, 소흥주)는 미리 섞어둔다.
④팬에 기름을 두르고 중불에서 삼겹살을 볶는다.
⑤삼겹살의 색이 변하면 면을 넣고 볶는다.
⑥면이 살짝 노릇노릇하게 익으면 부추와 대파를 넣는다.
⑦익으면 ③의 조미료를 골고루 넣고 전체를 섞는다.

> **토막지식**
>
> 국수를 포함한 중화 요리는 에도 시대의 나가사키나 메이지 시대의 요코하마, 고베 등에 생긴 중국인 거리를 통해 일본에 전파되었지만, 일본의 '야키소바'용 중화면은 메이지 시대 중엽, 푸젠성에서 오키나와로 전래된 완숙면에서 유래했다고도 한다. 그리고 '야키소바'는 제2차 세계 대전 후의 쌀 부족 문제와 미국에서 밀가루를 원조했다는 시대적 배경으로 인해 일본 전국에 보급되었다.

다 찾은 곳이 중국인이 운영하는 볶음면 가게와 일본 과자를 파는 음식점이었다.

「뜨거운 김이 서린 갓 만든 볶음면에 중국어로 쯔라고 하는 식초를 듬뿍 뿌린다. 냄새도 그렇고 맛도 그렇고, 신샹에서 먹은 볶음면의 맛은 지금도 내 혀 어딘가에 남아 있다.」

중국에서는 오래 전 '북면남반'이라 하여 허난성, 산둥성, 허베이성 등 북방에서 밀가루 생산이 많아 특색 있는 면 요리가 만들어졌다. 중국에서 '면'이라고 하면 밀가루를 가리키는데, 일본에서 말하는 면에 해당하는 면으로는 제조법으로 구분해 보자면 산서성이 발상지인 다오샤오미엔 같은 손으로 납작하게 만든 면과 압출기로 둥근 막대형으로 만든 면, 펼친 반죽을 칼로 썰어 만든 것, 반죽을 길게 늘리고 늘려 가늘어지게 한 것 등이 있다. 대부분 국물과 함께 먹는데, 볶은 것이 차오미엔, 즉 볶음면이다.

해리스가 신샹에서 먹은 볶음면에 관한 자세한 내용은 기록되어 있지 않다. 하지만 상병이 부담 없이 갈 수 있는 가게의 볶음면이 서민적이고 검소한 요리였으리란 건 상상하기 어렵지 않다. 서양 교육을 받으면서도 일본군으로 살았던 그에게 동네 가게에서의 시간은 잠깐의 휴식이었음에 틀림없다.

Table 47 미군 장병의 사기도 좌우하는 디저트
아이스크림
Ice Crean

「우리의 식사는 위관용 사관집회실에서 카페테리아 형식으로 이루어졌다. 갓 구운 스테이크와 뼈 있는 고기, 드레싱으로 버무린 샐러드, 거기에 매일 밤 아이스크림이 나올 뿐만 아니라 베이크드 알래스카라는 디저트까지 나왔다.」(Carl Solberg 저, 『Decision and Dissent: With Halsey at Leyte Gulf』에서 발췌). 저자는 1944년 할제 제독이 좌승하는 3함대의 기함 뉴저지에 해군 공중전투정보(ACI) 부원으로 탑승했다.

당시 미 해군 요리책에는 아이스크림은 미국인들이 좋아하는 디저트 중 하나이기도 하고 영양가도 높으니 메뉴의 정석으로 삼아야 한다고 적혀 있었다. 레시피는 아이스크림 믹스에 물을 첨가해 만드는 것이 기본이었다.

그런데 아이스크림 제조기는 설비상의 제약 때문에 기본적으로는 항공모함이나 전함 등의 대형함에만 한정적으로 설치되었다. 그래서 대형함에는 장병들이 아이스크림 등을 먹을 수 있는 게덩크 바(Gedunk Bar)가 설치되어 있었다. 그곳에서 아이스크림을 받으려면 계급에 상관없이 줄을 서야 하는 것이 불문율이었는데, 뉴저지에는 이런 일화가 전해진다. 어느 날 신임 소위 두 사람이 아이스크림 대기줄에 새치기를 했다가 차례를 지키라는 호통을 들었다. 그 목소리의 주인은 무려 자신의 차례를 기다리며 줄을 선 할제 제독이었다고 한다.

경순양함 마이애미의 게덩크 바에서 아이스크림을 즐기는 승무원. 여기에서는 소다나 그 외의 과자류도 제공되었다. 아이스크림 제조기가 없는 구축함이 불시착한 함상기 탑승원을 구조해 소속 항공모함에 보내면 그 탑승원의 체중만큼의 아이스크림을 항공모함에서 해당 구축함으로 전달하는 관습도 있었다. 또 오키나와 전투 시 한 항공모함에 탑재된 아이스크림 제조기 3대 중 2대가 고장났을 때, 사관들은 만약 마지막 1대가 고장나면 해병들이 반란을 일으킬지도 모른다는 농담을 하며 걱정했다고 한다.

recipe

바닐라 아이스크림

●재료(4인분)
우유　300ml
생크림　100ml
계란 노른자　3개분
설탕　70~80g
바닐라 빈즈　적당량
또는 바닐라 에센스　2~3방울

●만드는 법
※ 아이스크림 제조기를 사용하지 않는 방법
①그릇에 계란 노른자, 설탕을 넣고 거품기로 하얗게 될 때까지 섞는다.
②냄비에 우유, 생크림을 넣고 아주 약한 불로 가열하며 바닐라 빈즈를 첨가한다.
③①의 그릇에 ②를 조금씩 넣어 섞는다.
④얼음물을 넣은 다른 그릇에 ③을 넣어 잔열을 제거한다. 바닐라 에센스를 쓰는 경우에는 이때 바닐라 에센스를 첨가한다.
⑤④를 별도의 용기에 옮겨 뚜껑을 덮고 냉동실에서 식힌다.
⑥약 3시간이면 굳어지므로 냉동고에서 고무주걱 등으로 뒤섞어 공기가 들어가게 한다.
⑦그 후 30분~1시간 간격으로 저어서 공기가 들어가게 하며 전체를 얼리면 완성.

토막지식

미 해군 요리책의 레시피는 아이스크림 믹스에 물을 추가해 만드는 것이 기본이며, 맛은 바닐라 외에도 다양하다. 살구, 바나나, 견과류, 체리, 체리넛, 초콜릿, 커피, 대추야자, 포도, 복숭아, 파인애플, 파인애플 그레이프, 피스타치오, 딸기, 메이플, 월넛 메이플 등이 소개되고 있다. 토핑으로는 과일(생과일 혹은 냉동과일)과 주스 등이 사용됐다.

미국에서 '아이스크림'이라고 하는 말이 처음 사용된 것은 1700년경이라고 하는데, 1846년에 수동 아이스크림 교반기가 발명되어 1851년에 볼티모어시의 우유상이 아이스크림의 생산을 개시, 이것이 세계 최초의 아이스크림 제조 공장이 되어 아이스크림의 산업화의 계기가 된다.

미 해군 함선에 제빙 및 냉장장치가 도입된 것은 1893년으로, 1906년에는 전함 미주리에 아이스크림 제조기가 도입되었다. 1941년 미 해군 함선에서는 장병들의 즐거움인 음주가 금지됐다. 그 대신 인기를 끈 것이 아이스크림이었다. 제2차 세계 대전 중 유제품 결핍으로 각국이 아이스크림 제조를 중단하자 미국은 장병들의 사기를 유지하기 위해 아이스크림 공급을 군의 중요 사항 중 하나로 취급했다.

1945년에는 육군의 아이스크림을 제조할 수 있는 대형 냉장선을 대서양과 태평양으로 예인해 아이스크림 제조기가 없는 구축함 등의 승무원을 위한 아이스크림을 공급했다.

Table 48

미 해병대의 출격 전 식사
비프 스테이크
Beef Steak

　1945년 4월 1일 부활절 일요일에 개시된 미군의 오키나와 침공 작전. 처음 며칠간 일본군의 저항은 경미으나 이후 미군은 고전을 면치 못했다. 그래도 4월 말에는 오키나와의 대부분을 확보해 격전으로 피폐해진 제6해병사단은 나에서 휴식을 취했다. 그러나 「그들의 첫 번째 불길한 조짐은 저녁 식사로 스테이크가 나온 것이었다. 이는 출격 전에 제공되는 전형적인 식단이며 아침 식사로 신선한 계란이 나온 시점에서 병사들은 전장에 다시 투입될 것을 확신했다.」(제임스 H. 할러스 저, 『오키나와 슈가로프 전투』에서 발췌)

　제2차 세계 대전에 종군한 미군 장병의 수기에서는 출격 전에 스테이크가 나왔다는 이야기가 종종 나오는데, 이는 스테이크가 나오기로 정해져 있었기 때문이 아니라 출격을 앞둔 장병에게는 가능한 최고의 식사를 제공한다라는 불문율에 의해 제공된 것이었다.

　미국 국내에서는 1880년대 중반부터 많은 사람들이 스테이크와 로스트 비프를 먹게 되었다. 또한 1920년대에 시작되는 냉동식품 시장은 군의 수요 증대가 큰 요인이 되어 제2차 세계 대전 중에 급속히 확대되었다. 그러한 사정을 배경으로, 오키나와 침공 작전 시에도 미군은 어느 정도 충분한 식량 공급을 할 수 있었다. 그렇다고 매일 같이 소고기가 나온 것은 아니고, 풍족한 음식의 상징이기도 한 스테

오키나와 특유의 거북묘에 숨은 일본군을 배제하기 위해 활동 중인 제6해병사단 수색파괴팀. 이 묘소 전체에 분산 배치된 다른 팀과 행동을 연계하기 위해선 통신기가 필수적이었다. 상륙전 수송선상에서의 마지막 식사에 비프 스테이크가 나오게 된 것은 전쟁 중반 무렵부터로, 그 이전에는 해당 수송선이 제공할 수 있는 최고의 식사가 제공되었다. 그런데 이는 미군에서의 관습이었으며, 영국군은 종전까지 '수송선이 제공할 수 있는 최고의 식사를 제공한다'라는 게 관습이었다.

recipe

스테이크

●재료
소고기(뼈 붙은 것이나 안 붙은 것)
우지 적당량
소금 적당량
후추 적당량

●만드는 법
①소고기는 1인분을 150~200g, 1.5cm 안팎의 두께로 자른다.
②팬을 뜨겁게 달궈 ①의 소고기를 넣고, 노릇노릇해지면 뒤집어서 전체를 적당히 구워낸다.
※소고기에 기름기가 많을 때는 그대로, 적을 때는 따로 우지를 사용한다.
※양면이 노릇노릇해지면 약 150도의 오븐에 넣어 구워도 된다.
③다 익으면 소금과 후추를 뿌린다.

토막지식

미 해군의 요리책에는 스테이크에 가루를 뿌려 튀긴 프렌치프라이 어니언이나 볶음으로 만든 스마자드 어니언, 버터에 다진 양파, 레몬즙, 소금, 후추를 섞은 스테이크 버터 소스 등을 곁들이면 된다고 적혀 있다. 그 외에는 감자와 콩 등이 메뉴에 따라 준비되었다.

이크가 출격 전 메인 요리로 준비됐을 것이다.

해군 요리책에는 비프 스테이크 조리법으로 간단하게는 철판이나 프라이팬에 구운 스테이크(Griddle-Broiled Steak)부터 스테이크 찜구이(Braised Beef Steak), 토마토 양파와 함께 오븐에 굽는 스위스 스테이크(Swiss Beef Steak) 등의 레시피가 실려 있다. 군의 요리책에 만드는 방법이 적혀 있다는 것은 곧 그것이 비교적 대중적인 음식이었음을 증명하는 것이다.

오키나와 침공 작전 당시 나고에서 제공된 스테이크가 어떤 것인지는 확실하지 않지만, 아마도 철판에 구운 스테이크였을 것이다. 레시피에서는 1인당 6 온스(약 168그램), 두께는 2분의 1에서 4분의 3 인치(약 1.25~1.9센치), 우지로 굽는 것이 기본이며 양면을 구운 후 소금과 후추로 간을 맞춘다고 적혀 있다.

그런 스테이크를 먹은 이튿날인 5월 2일, '스트라이킹 식스(돌진 6사단)'라는 별명을 가진 제6해병사단은 남쪽으로 향했고, 이윽고 격전지로 알려진 슈거로프(안사토 52고지)로 돌진했다.

Table 49

하코다산에서 눈속을 행군한
히로사키 보병 제31연대가 먹은

토끼고기 된장국
Rabbit miso soup

2022년 1월로 하코다산 설중 행군 조난 사건 120주년이 되었다. 이 하코다산 설중 행군에서 아오모리 보병 제5연대의 행군대 210명이 조난, 그중 199명이 사망했다. 한편 히로사키 보병 제31연대의 38명(그중 1명은 종군 기자)은 무사히 답파하고 귀환을 완수했다(1명은 부상으로 중도에 귀환). 그럴 수 있었던 것은 부대를 이끈 후쿠시마 타이조 대위의 지휘하에 해당 지역의 현지 주민들의 협력으로 준비가 이루어진 것이 큰 요인으로 꼽힌다. 이를테면 지리를 잘 아는 안내인을 경유지에서 수시로 고용하고 식량이나 짚신 등의 장비품을 현지 촌락에서 수급하며 숙박은 촌락 숙영을 기본으로 하는 식이었다.

하코다산 설중 행군에 관한 서적은 다수 출판되었는데, 저널리스트로서 하코다산 설중 행군을 연구한 오가사와라 고슈의 『하코다 연봉 눈보라의 참극』(제1부, 제2부, 1968년 출간)이 일찍이 알려져 있다.

부대는 1월 20일 첫날 오구니 마을에서 숙영했다. 마을 내 가옥에 흩어져 묵은 대원들은 '연기가 피어오르는 아궁이 주위에 둘러앉아 마을 사람들이 정성을 다한 산나물 절임을 안주 삼아 데운 술을 마시며 잠깐의 해방감을 크게 만끽했다'라고 한다. 참고로 첫날의 숙영에서는 특별히 음주량 제한이 이뤄지지 않았으나 '그래도 방심은 금물'인 것으로 이루어졌다.

히로사키 보병 제31연대의 행군대. 1902년(메이지 35년) 1월 22일, 표고 1,034m의 시라지 산을 오르던 도중 계곡에서 촬영된 한 컷. 해당 연대는 1896년(메이지 29년) 5월에 편성을 완료해 히로사키에 연대 본부를 마련했다. 1904년(메이지 37년), 러일전쟁에 출정했다. 덧붙여 행군대를 인솔한 후쿠시마 타이조는 보병 제32연대로 전임해 러일전쟁에서 전사했다. 1918년(다이쇼 7년)에는 시베리아로 출동했고, 1939년(쇼와 14년)에는 노몬한 사건 때도 출동했다. 1944년(쇼와 19년)에는 미군의 공격을 받은 필리핀으로 이동했으나 수송 중에 큰 피해를 입은 데다가 루손 섬 전투에서 고전했다.
『보병 제31연대 설중 행군대 사진 제4호도』(아오모리현립 도서관 디지털 아카이브 제공)에서 발췌.

recipe

토끼고기 된장국

● 재료
토끼고기 적당량
※육수가 나오므로 뼈가 있는 것을 추천한다.
파 적당량
된장 적당량

● 만드는 법
① 뼈 있는 토끼고기를 먹기 좋게 한 입 크기로 자른다.
② 냄비에 물을 끓여 ①의 토끼고기를 넣는다.
③ 떫은 맛이 나므로 꼼꼼히 제거하고 고기가 익을 때까지 끓인다.
④ 된장을 풀고 팔팔 끓이지 않게 하며 몇 분 정도 끓인다.
⑤ 마무리로 어슷썰기한 대파를 넣어 그릇에 담는다.
※중간에 우엉이나 당근을 넣어도 된다.
※닭 국물을 만드는 듯한 느낌으로 조리하면 좋다.

토막지식

히로사키 부대의 후쿠시마 대장 일행이 먹은 토끼는 아마도 일본 고유의 일본멧토끼일 것이다. 한편, 메이지 초기에 외래종과 일본 재래종의 교배에 의한 집토끼(일본 백색종)가 애완용으로 사육되었는데, 그후 청일전쟁이나 러일전쟁 중에는 군수품(모피나 식량)으로 이용되었다.

그리고 3일째인 22일. 눈보라가 거세지는 가운데, 일행은 기리아키 온천에서 도와다 호반의 은산을 목표로 했다. 이날 안내인은 마타기 명인들로, 행군 중에 마타기인 기타야마 후지요시가 토끼를 잡았다. 이에 후쿠시마 대장은 그에게 은화 50전을 줬다고 한다.

마타기의 주 사냥감은 곰이나 토끼 또한 사냥감이다. 담백하고 슴슴해 닭고기와 맛이 비슷한 토끼는 마타기뿐만 아니라 산촌민들의 사랑을 받았다. 산토끼는 봄부터 가을의 털이 갈색일 때보다 겨울의 흰 털이 된 후가 맛이 좋다고 한다. 늦가을 이후로 밤알 등을 먹고 추울 때는 나무의 새싹이나 껍질만 먹어서 그렇다고 하는데, 잘 자란 토끼는 등에 기름기가 적당히 돈다고 한다.

그런 토끼를 들고 눈보라 속에서 백지산을 넘은 일행은 오후 3시 35분에 은산 취락에 도착한다. 본부로 할당된 쿠도 유키의 가옥에서는 후쿠시마 대장, 타하라 중위, 타카하타 소위, 신도 고장과 집주인의 5인분의 상이 차려졌고, 빠르게 술을 마셨다. 이때 집주인의 부인은 토끼고기를 넣은 된장국을 끓이느라 여념이 없었다고 한다.

이날 저녁 식사에 나온 토끼고기 된장국은 후쿠시마 대장 일행의 몸을 얼마나 따뜻하게 했을까. 이튿날 23일 이후 눈보라가 강해지고 기상이 악화되는 가운데, 히로사키 부대는 11박 12일의 행군을 무사히 마쳤다.

Gourmet of the military around the world

재현! 세계의 군대 미식
──── 전사의 밥상

글·요리·촬영	미즈나시 유카
역 사 감 수	시라이시 히카루
일본어판 편집	고토 쓰네히로, 요시노 야스타카
일본어판 협력	누마타 가즈히토
일본어판 디자인	요코카와 다카시
번 역	오광웅
사진 크레디트	Austrailian war memorial
	Bundes archive
	Esercito Italiano
	Imperial War Museum
	National Archives
	Naval History and Heritage Command
	Royal Navy Submarine Museum Gosport
	U.S. Army
	U.S.M.C.
	San Diego Air and Space Museum
편 집	김보람, 정성학
마 케 팅	이수빈
라 이 츠	선정우
디 지 털	김효준

재현! 세계의 군대 미식 - 전사의 밥상

펴 낸 날   2025년 12월 31일 초판 1쇄

펴 낸 이   원종우
펴 낸 곳   ㈜블루픽
　　　　　주소 (13814) 경기도 과천시 뒷골로 26, 2층
　　　　　전화 02 6447 9000　팩스 02 6447 9009
　　　　　메일 edit@bluepic.kr　웹 http://bluepic.kr

I S B N   979-11-6769-454-6 03900

Gourmet of the military around the world
written by Yuka MIZUNASHI, supervised by Hikaru "Alexander" Shiraishi
Copyright © Yuka MIZUNASHI, 2022
All rights reserved.
Original Japanese edition published by Dainippon Kaiga Co., Ltd.

This Korean edition is published by arrangement with Dainippon Kaiga Co., Ltd., Tokyo
in case of Tuttle-Mori Agency Inc., Tokyo, through Orange Agency, Korea.

이 책의 한국어판 저작권은 오렌지에이전시와 ㈜터틀모리 에이전시를 통한 ㈜대일본회화와의 독점 계약으로 ㈜블루픽이 소유합니다.
저작권법에 의하여 한국 내에서 보호받는 저작물이므로 무단전재와 무단복제를 금합니다.